两栖动物脑大小适应性进化

廖文波　等著

科学出版社
北京

内容简介

动物的脑对环境的适应性能够保证物种的繁衍。本书介绍了两栖动物脑大小对环境因素变化的响应机制。具体内容包括：两栖动物脑大小进化的研究进展、两栖动物脑大小异速生长及其生态适应性、环境季节性变化对两栖动物脑大小进化的影响、冬眠期的长度对两栖动物脑大小进化的影响、物种的分布范围对两栖动物脑大小进化的影响、两栖动物婚配制度和求偶行为对脑大小进化的影响、种群密度和控制性别对两栖动物脑大小进化的影响、两栖动物脑大小与生活史特征的进化关系、两栖动物脑大小与能量器官大小的进化权衡、两栖动物脑大小与眼球大小的进化关系、两栖动物产卵点对脑大小进化的影响、两栖动物脑大小与体重变异的进化关系、华西蟾蜍等物种脑大小地理变异及影响因素、峨眉林蛙等物种脑大小与能量器官大小的进化权衡、两栖动物脑大小进化研究展望。

本书可供生物学、生态学专业的从事动物脑容量进化研究的科研工作者和研究生使用。

图书在版编目(CIP)数据

两栖动物脑大小适应性进化 / 廖文波等著. —北京:科学出版社, 2024.6

ISBN 978-7-03-078584-8

Ⅰ.①两… Ⅱ.①廖… Ⅲ.①两栖动物-脑-进化-研究 Ⅳ.①Q959.5

中国国家版本馆 CIP 数据核字 (2024) 第 105341 号

责任编辑：武雯雯 / 责任校对：彭 映

责任印制：罗 科 / 封面设计：墨创文化

科学出版社出版

北京东黄城根北街16号

邮政编码：100717

http://www.sciencep.com

成都锦瑞印刷有限责任公司 印刷

科学出版社发行 各地新华书店经销

*

2024年6月第 一 版 开本：787×1092 1/16

2024年6月第一次印刷 印张：10

字数：235 000

定价：109.00 元

（如有印装质量问题，我社负责调换）

《两栖动物脑大小适应性进化》
编辑委员会

作 者 简 介

廖文波，男，博士，1979 年 4 月出生，2009 年毕业于武汉大学，中共党员，西华师范大学研究员，内蒙古农业大学和海南大学兼职博士生导师，中国动物学会青年科技奖获得者，中国生态学学会青年科技奖获得者，四川省杰出青年基金获得者，陕西省“百人计划”入选者，四川省学术和技术带头人后备人选，中国野生动物保护协会科技委员会委员，中国动物学会两栖爬行动物学分会常务理事，中国动物学会动物行为学分会理事，四川省动物学会理事，目前担任 *Journal of Zoology*、*Animal Biology*、*Asian Herpetological Research* 的编委，*Proceedings of the National Academy of Sciences of the United States of America*、*Proceedings of the Royal Society of London B: Life Sciences*、*Global Biogeography and Ecology*、*Evolution*、*Journal of Biogeography*、*Evolutionary Ecology*、*Asian Herpetological Research* 等刊物的审稿专家。主要从事两栖动物生活史进化、脑大小生态适应与进化权衡、婚配制度与精子竞争、种群遗传分化等方面的研究工作，目前在 *Science Advances*、*Science China Life Sciences*、*Molecular Ecology*、*Evolution*、*American Naturalist*、*Oecologia*、*International Journal of Molecular Sciences*、*Behavioral Ecology and Sociobiology*、*Journal of Evolutionary Biology* 等刊物发表论文 96 篇，论文被引用 1650 次，单篇论文被引用 98 次，8 篇论文入选 ESI 高被引论文，1 篇论文入选中国百篇最具影响的国际学术论文，两栖类精子大小和数量的进化与精子竞争有关的研究成果被 Pedram Samani 博士在 *Evolution* 以新闻论文高度评价。出版专著 1 部。

序

两栖动物是脊椎动物中对环境变化比较敏感的类群，其受环境变化的影响特别明显。随着全球气候变暖，两栖动物的物种和种群数量受到严重威胁。截至 2022 年，全球两栖动物种类达到 8579 种，大约有 40%的物种面临灭绝风险。生态适应性是有机体的形态、结构以及生理生化等特征在长期的自然选择中随着环境的变化而改变，最终与环境相适应以提高自身适合度的过程。动物脑大小的进化是环境选择压力下动物适应环境的一种非常重要的策略，环境压力将导致不同物种或同一物种不同种群出现脑大小的差异性。研究两栖动物脑大小生态适应及进化权衡在物种保护方面有着非常重要的科学意义与指导作用。

目前，全球人口快速增长，人类对环境的破坏与日俱增，例如森林被过度砍伐、草原过度放牧、城市化进程等都在一定程度上影响了野生动物赖以生存的栖息地，从而导致野生动物物种数量急剧下降，部分物种面临灭绝风险。如何合理保护野生动物资源，是摆在动物学工作者面前的一项艰巨任务。因此，开展敏感动物对环境变化的生态适应研究，对物种保护具有重要的意义。两栖动物是典型的对环境变化敏感的生物类群，其脑大小生态适应性研究资料相对较少，该书作者团队通过 10 年的野外调查，对两栖动物脑大小与生态因素、性选择强度、季节性、冬眠期长度、能量器官、分布范围等方面进行了系统研究。该研究成果为探讨两栖动物生态适应性及进化权衡提供了第一手资料，同时为保护两栖动物栖息地及恢复两栖动物物种数量提供了科学建议，而且该书的部分内容已发表在国际领域期刊 *Evolution*、*American Naturalist*、*Journal of Evolutionary Biology*、*Evolutionary Biology*、*Evolutionary Ecology*、*Journal of Zoology* 上。

《两栖动物脑大小适应性进化》作者从事脊椎动物进化生物学研究已有 18 年。他和他的团队成员在野外做了大量的研究工作，条件差，工作辛苦。他们为该研究付出了很大的努力，精神难能可贵。

祝贺该书出版。我们祈望，经过岁月的洗礼，随着两栖动物脑大小进化科研工作的继续开展，两栖动物脑大小对环境适应性及其进化权衡的研究将有更多的科研成果。

胡锦矗
2023 年 5 月

前　　言

两栖动物是脊椎动物中一个特殊的类群，其分布范围广，适应复杂多样的栖息地环境。全球两栖动物资源丰富，AmphibiaWeb 提供的数据显示，全球两栖动物数量达到 8579 种，其中，中国有 674 种两栖动物。2004 年世界自然保护联盟（International Union for Conservation of Nature，IUCN）在一项全球评估中发现，超过 1/3 的两栖动物受到生存威胁，且两栖动物是脊椎动物中受威胁最严重的类群。尽管两栖动物在以前的多次全球大规模灭绝中幸存下来，但在过去的 20～40 年，种群规模出现了急剧下降，这是前所未有的。近年来，已有超过 168 种两栖动物被认为已经灭绝，至少 2469 种两栖动物种群数量正在下降。而在我国，两栖动物多样性和特有性高，中国两栖类网站（http：//www.amphibiachina.org/）的数据显示我国两栖动物特有物种超过 230 种，占全国两栖动物物种总数的近 35%，占特有物种的 45%以上。这表明两栖动物生存面临着巨大的压力，灭绝和受到威胁的物种数量可能会持续增加。

两栖动物的皮肤具有较高的渗透性，活动能力较弱，因此两栖动物在卵受精、孵化、蝌蚪发育、变态后的陆地生活以及冬眠等生活史的不同阶段中，都高度依赖外界环境，尤其对栖息地的环境变化会产生较为敏感的反应，甚至很多物种已经因栖息地环境变化和丧失出现种群数量下降的现象和趋势。目前为止，研究认为两栖动物减少的原因主要包括栖息地破坏、改变和破碎，过度开发，气候变化，UV-B 辐射，化学污染，疾病，畸形，外来物种入侵等，以及这些因素的协同作用。由此可见，两栖动物具有较高的生物学意义，其保护与发展应该受到足够的重视。

面对人类活动与其他环境压力带来的影响，物种通过适应来保证其生存和繁殖。生态适应性是有机体的形态、结构以及生理生化等特征在长期的自然选择中随着环境的变化而改变，最终与环境相适应以提高自身适合度的过程。脑是有机体认知、学习和信息处理的关键系统。有研究认为环境因素是影响动物脑的重要因素，在应对环境变化产生的不利影响时，为保证物种的生存与繁衍，脑大小的生态适应性显得尤为重要，是动物适应环境的一种非常重要的策略。当前国内外学者主要研究了鱼类、鸟类和哺乳类动物脑大小的生态适应和进化权衡，对两栖动物脑大小进化的研究有零星报道。因此，两栖动物脑大小进化的研究在物种保护方面有着非常重要的科学意义与指导作用，为物种的保护提供了新的视角与新的启示。近十年来，在国家自然科学基金“横断山区华西蟾蜍群体遗传学和谱系地理学”（31772451）、“两栖动物脑大小生态适应及进化权衡”（31970393）和两栖动物生态适应四川省青年科技创新团队项目“两栖动物对环境变化的适应性”（19CXTD0022）资助下，本研究团队开展了两栖动物不同物种或同一物种不同种群脑大小与生态因素、性选择强度的进化关系以及脑大小与能量器官的进化权衡研究。本书基于两栖动物脑大小生态适应与进化权衡的相关科研成果撰写而成。

因本书涉及动物解剖，在此郑重说明：本书研究采用的实验动物，从野外采集到样本后，立即带回实验室，放到暂养池内，进行人工喂养，每天投喂饲料 1 次。对动物进行解剖实验时，先做乙醚麻醉，随后用毁髓针捣毁脊髓，再根据实验设计进行后续实验。动物残体用 4%甲醛溶液固定，保存在标本馆。所有动物实验操作都严格遵守实验动物福利伦理相关法规和各项规定，自觉遵守研究伦理原则、国际惯例及相关法律法规，随时接受西华师范大学研究伦理委员会的监督与检查。

由于作者水平有限，书中难免有不足之处，请读者批评指正。

2023 年 7 月

西华师范大学西南野生动植物

资源保护教育部重点实验室

目　　录

第 1 章　两栖动物脑大小进化的研究进展

1.1　脊椎动物脑大小研究概况

脑是脊椎动物中枢神经系统的高级部位，是生命机能的主要调节器，位于颅腔内。低等脊椎动物的脑较简单，从鱼类到哺乳动物进化的过程中，其脑进化得越来越发达。脑的基本构成单位是神经细胞(神经元)和胶质细胞(Jerison，1973)，其主要由嗅脑、端脑、中脑、小脑和延脑等不同的脑区域构成。脑的结构复杂，功能多样，它是思维的器官，也是心理、意识的物质本体。脑的主要功能就是对事物具有认知和记忆能力，虽然动物用眼球看到的事物有很多，但是眼球不能将看到的各种事物区分开来。因此，视神经将所有看到的事物全部转化为信息，传递到端脑，端脑对这些信号进行分析，将各个事物分离出来，不同的脑区域分析产出不同类型的样本，端脑分析产出的样本与觉察和认识有关(Mai and Liao，2019)。端脑后部为间脑，内部有第三脑室，顶部突出松果体。间脑的主要功能表现为对躯体性与内脏性感觉(嗅觉除外)冲动的接收和初步整合，并将信号传输给端脑皮质特定感觉区，它又是端脑皮质下自主神经和内分泌的调节中枢。中脑位于间脑后方，其顶墙称为视顶盖，主要功能为观察外界事物，为视觉中枢。小脑的内部由白质和灰色的神经核所组成，白质也称髓质，内含与端脑和脊髓相联系的神经纤维。小脑的主要功能是协调骨骼肌的运动，维持和调节肌肉，保持身体的平衡。脑干的背侧与小脑之间有一空腔，为脊髓中央管的延伸。脑干也由灰质和白质构成，脑干中包括心血管运动中枢、呼吸中枢、吞咽中枢，以及视、听和平衡等反射中枢(Jerison，1973)。

脑科学正日益成为世界各国争相研究的重点科学领域之一，脑的研究主要集中在人类脑功能机理和组构原理方面。例如，科学家建立了全新的人类脑网络组图谱。人类的记忆、情绪等是通过多个脑区来实现的复杂过程，这个过程是通过多个脑区形成的网络来实现的，人类脑网络组图谱的绘制与研究可以帮助科研人员解码出人脑相关功能的运作机理，再通过相关成果来推动类脑计算方面的研究(张顺等，2019)。近年来，脑科学的相关研究与人类心理疾病领域的研究密切联系，并取得了大量的科研成果，这些成果主要从分子角度探讨了人类心理疾病的诱发机制(Li et al.，2016；Chang et al.，2017)。关于脊椎动物类群，对脑的功能机制和结构原理的研究相对较少，大多数研究集中在动物(鸟类、兽类和鱼类)脑大小进化与生活史、环境因素和性选择的关系方面(Huber et al.，1997；Isler and van Schaik，2009；Liao et al.，2015b；Sayol et al.，2016a)，这些研究成果为深入理解脊椎动物脑大小对环境的生态适应和进化权衡的机理提供了理论基础。

生态适应性是有机体随着环境因素变化而改变自身形态、结构和生理生化特性，以便与环境相适应的过程，是在长期自然选择过程中形成的(Darwin，1871)。达尔文在《物种起源》中指出，动物群是由对环境具有不同适应方式的个体所组成，可保证动物群中部分个体面对环境的变化具有存活优势，并成功繁衍后代。在进化过程中，自然选择保留了具有不同表型特征的个体。当环境条件发生较大的改变时，个体也将通过相应的适应对策来应对环境的变化，从而保证物种的存活和繁殖(Barton et al.，2003)。脑作为有机体学习、记忆、认知和信息处理的中枢系统(Barton and Harvey，2000)，其生态适应性能够提高物种的适合度，从而应对环境变化带来的不利影响，保证物种的繁衍(Barton et al.，2003)。脑大小的进化在达尔文进化论中处于核心地位，它能够对环境选择压力等重要的生态和进化过程产生深远的影响，对其进行研究有助于加深对物种生态适应性的理解(Sayol et al.，2016a)。脑大小的研究结果在物种的保护中发挥了重要作用，并有望为物种的保护提供一些启示，因为通过哺乳动物的脑大小能够直接预测物种的濒危状况(Abelson，2016；Gonzalez-Voyer et al.，2016)。因此，尽管人们对脑大小的研究已有 40 多年的历史，但它依然是动物进化生物学中最具有活力的研究领域(Sayol et al.，2016b；Street et al.，2017；Yu et al.，2018)。

自从 Jerison 在 1973 年撰写 *Evolution of the Brain and Intelligence* 一书以来，关于脑大小的进化就受到了进化生物学家的广泛关注。在 20 世纪 80～90 年代，研究者也发现生态因素明显影响小型哺乳动物和灵长类脑大小的进化(Harvey et al.，1980；Mace et al.，1980，1981)。21 世纪初，进化生物学家开始研究脑大小与环境压力的关系，初步认为脑大小能够体现环境选择压力的作用，并提出了脑大小对环境变化的适应性的两种假说。“脑认知假说”认为大的脑可以提高认知能力，其有利于在波动或新的环境下寻找配偶、觅食和避开天敌(Sol et al.，2005a；Pitnick et al.，2006；Sol，2009)，从而保证物种更好地繁衍。然而，脑也是高耗能器官，大的脑需要消耗更多的能量，因此，“脑高耗能假说”认为小的脑在不稳定的环境下消耗更少能量，将多余能量用来提高物种的存活率(Isler and van Schaik，2009)。由此可见，环境压力的变化是促进动物脑大小进化的重要驱动力。近十年来，研究者使用大数据来验证陆生动物脑大小的生态适应是否符合“脑认知假说”和“脑高耗能假说”(van Woerden et al.，2010；Sayol et al.，2016b)。例如，Sayol 等(2016b)利用 1200 余种鸟类来研究环境变化对脑容量的影响，结果发现复杂的环境因素变化能够促进鸟类的脑容量变大，其与“脑认知假说”一致。同样，增加配偶竞争压力能促使物种进化出更大的脑容量(van der Bijl et al.，2015；Street et al.，2017)。除此之外，脑大小的进化与身体其他器官的大小密切相关，20 世纪 90 年代中期，Aiello 和 Wheeler(1995)提出了“高耗能器官代价假说”，该假说阐述了灵长类动物生长出更大的脑容量必须以减少其他器官生长投入的能量为代价。随后，“高耗能器官代价假说”在鱼类、两栖类、鸟类、灵长类和人类中也获得了验证(Aiello，1997；Isler and van Schaik，2006a；Navarrete et al.，2011；Tsuboi et al.，2015；Liao et al.，2016a)。

与恒温动物相比，变温动物脑大小的进化研究可以更加深入发展脑大小生态适应和进化权衡的理论基础以及阐明生物多样性的保护价值。近半个世纪以来，生态学家和进化生物学家围绕恒温动物脑应对不同环境变化的生态适应以及进化权衡做了大量研究(Barton and Harvey，2000；Navarrete et al.，2011；Sayol et al.，2016b；Street et al.，2017)。在脊椎动物中，两栖动物对环境变化非常敏感，其性选择强度和生活史明显受环境变化的影响，结合两栖动物性选择强度和生活史的变化探讨其脑大小的生态适应以及进化权衡机理，对生态学和进化生物学的发展具有重要的理论意义。随着全球气候的变暖，两栖动物的物种或种群数量受到严重威胁，大约有 40%的物种面临灭绝。自 20 世纪 70 年代以来，全世界高海拔地区至少有 25 种无尾两栖动物已经灭绝（Fitzpatrick et al.，2010；Wake，2012），因此，脑大小进化研究在预测物种的濒危情况和指导当地生物多样性的保护方面具有重要应用价值。

1.2　环境因素对脑大小进化的影响

环境因素是促使有机体形态、生理和遗传结构变化的重要力量（Roff，2002；Wells，2007）。常见的环境因素包括温度、降水量和干旱季节长度。通常情况下，温度对有机体的各种特征起着极其重要的作用。温度、降水量和干旱季节长度将影响栖息环境中食物的丰富性、天敌压力和栖息地的复杂性。脑是由多个不同的脑区域构成的复杂器官，每个脑区域在相似的环境压力下展示出不同的功能（Bolhuis and MacPhail，2001；Striedter，2005）。“脑认知假说”认为增加的脑大小是为了提高个体的认知能力，从而更好地适应变化的环境（Striedter，2005）。大量研究揭示了生态因素显著影响不同物种总脑和各脑区域大小的进化（Clutton-Brock and Harvey，1980；Huber et al.，1997；Safi and Dechmann，2005；Pollen et al.，2007；Yopak et al.，2010；West，2014）。其中，栖息地复杂性被确定是影响脑不同区域大小进化的一个重要生态因素（Clutton-Brock and Harvey，1980）。栖息地复杂性与动物的认知需求密切相关，复杂栖息地促使动物某个脑区域大小增加以提高其认知能力（Gonda et al.，2009b；LaDage et al.，2009），例如鱼类前脑和端脑的大小与栖息地的复杂性呈显著正相关（Huber et al.，1997；Pollen et al.，2007）。环境中的食物质量影响总脑和脑不同区域大小的进化（Hutcheon et al.，2002；Yopak et al.，2007），例如灵长类和食肉类等脑大的物种倾向于取食高质量的食物（Allen and Kay，2012），其原因是保持大的总脑需要获得更多能量（Gittleman，1986；Dunbar and Shultz，2007）。同样，研究还发现取食鱼类的鱼比取食昆虫的鱼有更大的嗅神经（Huber et al.，1997）。除了栖息地和食性因素以外，天敌压力也被认为是影响总脑大小的一个重要因素（Jerison，1973；Trokovic et al.，2011），因为更大的脑具有更强的认知和行为适应能力，总脑更大的个体和物种能够更好地应对天敌压力（Striedter, 2005）。近年来，研究发现，两栖动物脑大小进化与环境因素有关，其表现为栖息地类型能够解释中脑大小的变化，天敌压力能够解释嗅脑和中脑大小的变化（Liao et al.，2015b）。由此表明，两栖动物脑大小的增加是为了更好识别天敌，其与“脑认知假说”结论一致。

脑是一种高耗能器官，“脑高耗能假说”认为物种为了适应不利环境，通过减少其他方面的能量需求来增加脑需求的能量，从而进化出更大的脑，例如灵长类在温度变化更大和干旱季节更长的环境下进化出更大的脑（van Woerden et al.，2010）。同样，为了减少活动的能量需求，部分动物采取冬眠的策略来避开不利环境的影响，冬眠的灵长类比不冬眠的灵长类拥有更大的脑容量(Heldstab et al.，2018)。环境的季节性变化影响两栖动物总脑和脑区域大小的进化，两栖动物在不稳定的环境下有更大的脑(Jiang et al.，2015；Luo et al.，2017)，其与“脑高耗能假说”结论一致。

1.3 性选择对脑大小进化的影响

大多数脊椎动物脑大小进化理论认为，自然选择是导致脑大小分化的主要进化力量(Striedter，2005)。事实上，大量的比较和实验研究证实了自然选择和脑容量之间的相互联系(Kotrschal et al.，2013a；Liao et al.，2015b)。21 世纪以来，大量研究证据表明性选择影响脊椎动物不同类群脑大小的进化(Garamszegi et al.，2005a；Gonzalez-Voyer and Kolm，2010；Fitzpatrick et al.，2012；García-Peňa et al.，2013；Kotrschal et al.，2015a、b、c)。通常情况下，性选择能够促使脑大小增加，其原因是更大的脑能提供更强的认知能力并增加获得配偶的机会(Garamszegi et al.，2005a；Boogert et al.，2011)。然而，部分研究认为发育性选择特征的能量将限制发育脑的能量，结果表现为性选择促使脑大小减小(Pitnick et al.，2006；Gonzalez-Voyer and Kolm，2010；Fitzpatrick et al.，2012)。但是，也有部分研究发现性选择强度(睾丸大小或雌雄异色)与脑大小没有显著性关系(Schillaci，2006；Lemaître et al.，2009)。

婚配制度能够促使脑大小的进化(Pitnick et al.，2006；Schillaci，2006；García-Peňa et al.，2013)。两个相反的假说可以解释动物脑大小与性选择之间的进化关系，“性冲突假说”认为雌雄之间认知需求的冲突可以限制对方生殖投入(Arnqvist and Rowe，2005)，结果使多配物种比单配物种有更大的脑；相反，“能量代价假说”认为强烈的性选择将限制脑大小的进化，例如总脑大的蝙蝠比总脑小的蝙蝠有更小的睾丸(Pitnick et al.，2006)。在两栖动物中，求偶通常在性选择过程中起关键作用，求偶鸣叫和寻找配偶是求偶过程中两种常见的行为(Andersson，1994)。求偶鸣叫、寻找配偶和睾丸大小与脑大小的相关性不显著，表明求偶行为和婚配制度不会促使脑大小的进化(Zeng et al.，2016)。然而，两栖动物在不同环境中的繁殖点集群大小和操作性比将影响物种的性选择强度，从而影响两栖动物脑大小进化(Lan et al.，2020)。

1.4 脑大小的进化权衡

脑被认为是脊椎动物体内最耗能的器官，物种基础代谢率越高，其脑越大(Striedter，2005)。有两种假说可以解释能量利用对脑大小进化的影响：“高耗能器官代价假说”(expensive tissue hypothesis)认为维持相对较大的脑是通过缩短肠的长度来补偿(Aiello and Wheeler，1995)；“能量权衡假说”(energy trade-off hypothesis)认为维持相对较大的脑应通过减小其他高耗能组织或者降低机体行为活动来补偿(Isler and van Schaik，2009)。

自从 1995 年 Aiello 和 Wheeler 提出了“高耗能器官代价假说”以来，其在鱼类、两栖类、鸟类、灵长类和人类中获得了验证，例如在鱼类、两栖类和鸟类中，脑大小与肠长度呈显著的负相关，表明能量限制的进化意义在恒温和变温脊椎动物中是相似的(Isler and van Schaik，2006a；Liao et al.，2016a)。部分研究表明变温动物可能更适合进行能量限制脑大小的进化，因为它们需要比恒温动物消耗更多的能量来维持脑的功能(Mai and Liao，2019)。

消化道是脊椎动物的重要器官，其主要功能为能量摄入和分配，动物可以根据食物供应的变化调整它们的消化特性，以最大限度地提高整体能量摄入，因此，动物根据能量需求调整消化道长度(Penry and Jumars，1987)。消化理论预测物种取食高质量的食物将导致肠长度的缩短(Sibly，1981)，当环境发生变化时，物种的食物类型、食物多样性和肠道微生物也会发生变化，其将影响物种消化道的进化，从而影响脑大小的进化(Huang et al.，2018)。研究发现，两栖动物脑容量与肠长度存在显著的负相关，其符合“高耗能器官代价假说”(Liao et al.，2016a)，但同一物种的脑大小与肠长度的关系有不同相关性，如峨眉林蛙(*Rana omeimontis*)的脑大小与肠长度呈显著负相关(Jin et al.，2015)，部分物种脑大小与肠长度的相关性不显著(Zhao et al.，2016；Mai et al.，2017a；Yang et al.，2018)。因此，研究两栖动物脑与肠的进化关系可以揭示食物对两栖动物肠长度和脑大小的影响机理，对两栖动物的人工繁育及极小种群的复壮有着重要的作用，从而减缓当前两栖动物种类和数量快速下降的趋势，并为两栖动物保护提供新的思路。

1.5　小　　结

(1) 本章从两栖动物种内和种间水平介绍脑大小进化与环境因素、性选择强度、物种分布范围以及生活史的关系，从而阐明了两栖动物脑大小生态适应和进化权衡的机理。

(2) 复杂的栖息地环境、波动的环境温度、较长的干旱季节和较长的冬眠期促使两栖动物脑大小增加；增加的性选择强度既能促使脑大小增加，也能使脑大小减小或不变。

第2章　两栖动物脑大小异速生长及其生态适应性

2.1　两栖动物脑大小异速生长及其生态适应性研究概况

脑是由嗅脑、端脑、中脑、小脑和延脑等不同脑区域构成的复杂器官，每个脑区域在相似的环境压力下呈现出不同的功能（Bolhuis and MacPhail，2001；Striedter，2005）。研究发现，不同的脑区域的确能够处理来自外界的不同类型的信息（Whiting and Barton，2003；Striedter，2005），具体表现为某个脑区域大小的增加与该区域所具备的功能密切相关。然而，由于各个脑区域相互联系，其关联性的变化与控制功能和遗传的脑区域相关，因此，脑各个区域的大小不能独立进化（Barton and Harvey，2000；Whiting and Barton，2003；Hager et al.，2012）。

关于不同脑区域大小的相关性进化，有两个相互联系的假说可以解释（Yopak et al.，2010）。“脑大小镶嵌进化假说”认为总脑的大小能够通过增加某个脑区域大小来实现（Barton and Harvey，2000），在这种情况下，不同环境的选择压力与不同脑区域的功能密切相关，其导致不同脑区域大小独立进化（Whiting and Barton，2003），从而促使不同的脑区域大小增加或缩小。“脑大小限制进化假说”认为发育因素能够限制不同脑区域大小的进化，表现为不同脑区域间呈现明显的协同进化，在这种情况下，发育或遗传限制能够控制不同脑区域大小的独立进化，从而增加某个脑区域的大小，使总脑的大小增加（Finlay and Darlington，1995；Finlay et al.，2001；Yopak et al.，2010）。然而，以上两种假说可能代表两个极端，严格意义上说，没有任何一个假说能够准确解释脑大小的进化（Striedter，2005）。事实上，近年的研究表明，脑大小进化的过程和特征与这两个假说均密切相关（Finlay and Darlington，1995；Gonzalez-Voyer et al.，2009a；Powell and Leal，2012；Gonda et al.，2013）。

生态因素能够影响不同物种总脑大小和各脑区域大小的进化（Clutton-Brock and Harvey，1980；Huber et al.，1997；Safi and Dechmann，2005；Pollen et al.，2007；Yopak et al.，2010；West，2014）。首先，栖息地结构被证明是影响脑区域大小的一个重要生态因素（Clutton-Brock and Harvey，1980），栖息地结构的复杂性与动物的空间认知需求密切相关（Huber et al.，1997；Pollen et al.，2007；Gonda et al.，2009b；LaDage et al.，2009；Abbott et al.，1999；Safi and Dechmann，2005）。例如鱼类前脑和端脑的大小与栖息地结构的复杂性呈显著正相关（Huber et al.，1997；Pollen et al.，2007）。其次，食物的质量明显影响总脑大小和不同脑区域大小的进化（Hutcheon et al.，2002；Kalisińska，2005；Dunbar and Shultz，2007；Yopak et al.，2007；Gonzalez-Voyer et al.，2009b）。例如灵长类和食肉

类动物保持大的脑需要获得更多能量(Gittleman，1986；Dunbar and Shultz，2007)，脑较大的物种比脑较小的物种更倾向于取食更高质量的食物(Allen and Kay，2012)；同样，取食鱼类的鱼比取食昆虫的鱼有更大的嗅神经(Huber et al.，1997)。除栖息地和食性因素以外，天敌压力也是影响总脑和不同脑区域大小的重要因素(Jerison，1973；Trokovic et al.，2011)。由于更大的脑和脑区域能够提供更强的认知能力和行为适应能力，脑更大的物种能够更好地应对更大的天敌压力(Striedter，2005；Gonda et al.，2010)。此外，许多其他的因素(如性选择强度、圈养程度和社会行为)明显影响总脑和不同脑区域大小的进化(Madden，2001；García-Peňa et al.，2013；Kruska，2005，2014；Lefebvre et al.，2002；Sol et al.，2002；Garamszegi et al.，2005b；Tsuboi et al.，2015)。

与其他类群动物相比，两栖动物脑大小进化的研究相对较少，以前的研究主要集中于研究脑大小与栖息地结构和入侵成功与否的关系(Taylor et al.，1995；Amiel et al.，2011)，这些研究没有控制系统亲缘关系。因此，通过控制系统亲缘关系研究两栖动物总脑和不同脑区域大小与生态因素的关系特别重要。

本章的研究目的：①基于 43 种两栖动物的总脑大小和 5 个不同脑区域大小的数据来检验“脑大小镶嵌进化假说”和“脑大小限制进化假说”，如果不同脑区域大小与总脑大小呈现独自进化，那么脑大小进化与“脑大小镶嵌进化假说”一致；如果总脑大小与不同脑区域大小进化趋势相似，那么脑大小的进化与“脑大小限制进化假说”一致。②探讨栖息地类型、食物类型和天敌压力对两栖动物总脑大小和不同脑区域大小变化的影响。

2.2　材料和方法

2.2.1　数据收集

本研究组于2007～2013年的繁殖季节在中国的横断山脉采集了43种两栖动物的成年雄性个体并带回实验室，放入矩形(0.5m×0.4m×0.4m)箱内，然后使用单毁髓法处死每个个体，用游标卡尺测量每个个体的身体长度(snout to vent length，SVL)(精确到 0.01mm)，用电子天平称量每个个体的体重(精确到 0.1mg)，然后将个体保存在 4%福尔马林溶液中。

2.2.2　脑的解剖与测量

取出保存在 4%福尔马林溶液中的样品，剥离脑部背侧的皮肤与肌肉，将脑外面的骨头暴露，小心地剥离脑部背侧骨骼，精准地取出完整的脑。取脑时，脑部周围靠近脑干的所有神经都需要剪掉，移除背侧部的髓质，取出完整脑区域，其主要包括嗅神经(olfactory nerve)、嗅脑(rhinencephalon)、端脑(telencephalon)、中脑(optic tectum)、小脑(cerebellum)五个部分(图 2-1)。将取出的脑保存于 4%福尔马林溶液的离心管中，在离心管上对每个个体的脑进行编号。解剖完成后，将每个个体脑表面的水分用吸水纸吸干，并将其分别按照正面、侧面、腹面的姿势自然摆放，然后使用相机垂直拍照，获取每个个体的完整脑图片。利用 tpsDig 软件对总脑和五个脑区域(嗅神经、嗅脑、端脑、中脑和小脑)的长度(L：mm)、宽度(W：mm)和高度(H：mm)进行测量，根据椭球模型计算总脑和不同脑区域的体积，公式为：体积=$(L\times W\times H)\pi/(6\times1.43)$。每个个体总脑和脑区域各测量 3 次，其测量的重复性不显著($R_{总脑}$=0.94、$R_{嗅神经}$=0.95、$R_{嗅脑}$=0.96、$R_{端脑}$=0.98、$R_{中脑}$=0.95 和 $R_{小脑}$=0.97)，福尔马林溶液浸泡时间对脑大小的影响不显著($F_{1,56}$=0.10，P = 0.76)。F 值表示整个拟合方程的显著性，F 值越大表示方程越显著，拟合程度也就越好；P 值表示不拒绝原假设程度，$P<0.05$ 表示假设更可能是正确的，这里表示两者之间显著相关；R 值是拟合优度指数，用来评价模型的拟合好坏。

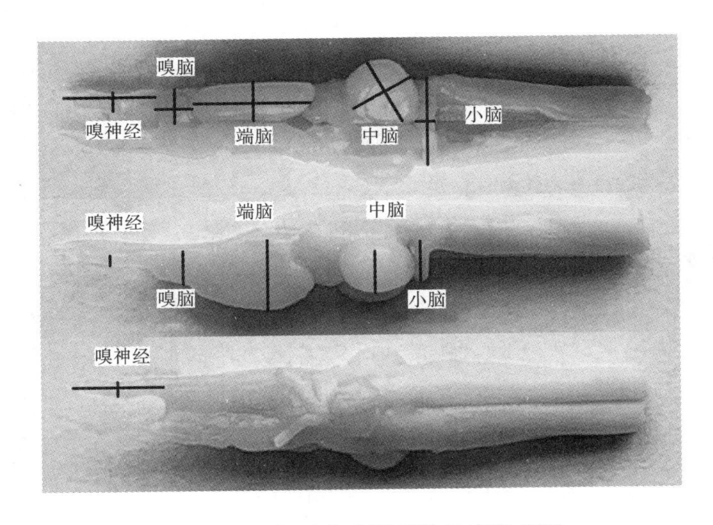

图 2-1　两栖动物脑区域的量度测量图

2.2.3　生态因素分类标准

根据 Liao 等(2013)对两栖动物栖息环境的分类标准，将栖息地分为树栖、陆栖、半水栖和水栖四种类型；将天敌压力分为高(物种无毒腺体且逃跑能力弱)、中(物种无毒腺体且逃跑能力强)、低(物种有毒腺体)三种类型；将食物类型分为肉食性和杂食性两类。

2.2.4　分子系统发育树的构建

统计分析使用 R 软件包，本章 43 个研究物种系统发育树是基于 Pyron 和 Wiens (2011)的系统发育树构建的(图 2-2)，在分析过程中，使用比较分析的独立比较方法来控制系统进化的影响。由于收集的部分物种没有分支长度的信息，分析过程将分支长度设置为 1(Pagel，1992)。Felsenstein(1985)提供了独立比较的所有细节，该方法在计算机模拟的几何布朗模型中能够接受 I 型错误率，在其他模型中可接受 I 型膨胀率(Diaz-Uriarte and Garland，1996)。然而，重新设置分支长度可以降低 I 型错误率，同时最大的 I 型错误率不超过 P 值(取 0.05)的两倍。

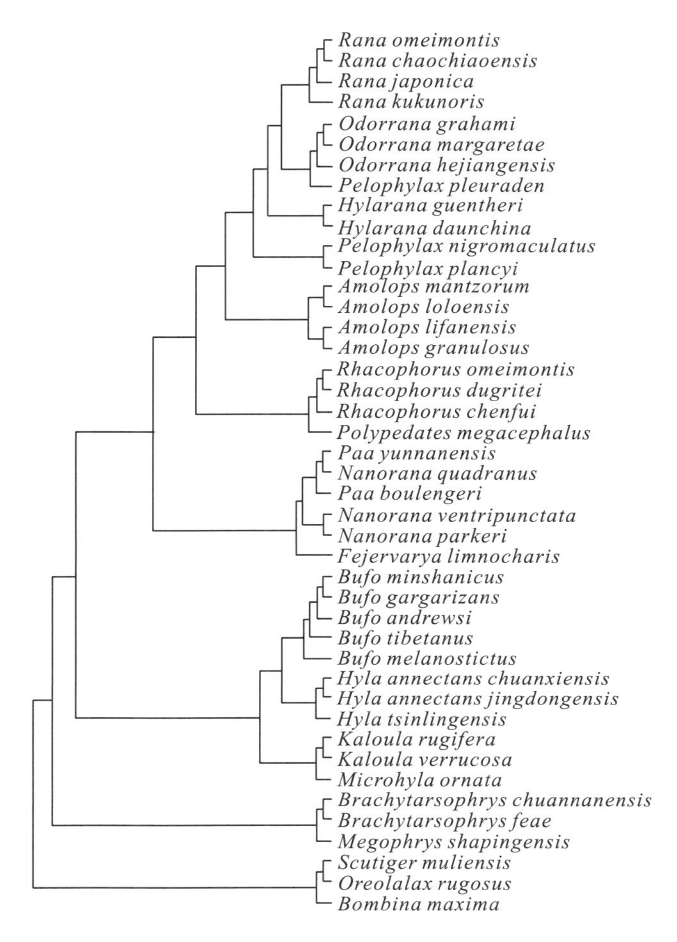

图 2-2　43 种两栖动物分子系统发育树

2.2.5　统计分析

首先，使用压轴回归分析总脑和脑区域大小的关系以减少总脑大小对脑区域大小的影响。因为因变量和自变量在测量时同时产生了误差，压轴回归分析比最小二乘法能够提供更可靠的结果(McArdle，1988)。其次，使用压轴回归分析各个脑区域大小之间的相关性，脑大小异速生长主要通过参考一个脑区域的相对大小是否比另一个脑区域的相对大小大来决定(Yopak et al.，2010)，神经生物学家经常使用回归斜率来代表异速生长率，本章也使用各个脑区域大小之间的回归斜率来确定脑大小异速生长情况。

利用 R 软件(v2.13.1)的 APE 软件包中的系统发育广义最小二乘法(phylogenetic generalized least squares，PGLS)来检验物种总脑和脑区域大小与生态因素的关系，在分析前，将所有变量进行对数变换(Martins and Hansen，1997；Freckleton，2002)。广义最小二乘回归使用最大似然法估计系统发育量度指标 λ,λ 参数估计系统发育信号对脑大小和生态因素关系的影响。当 $\lambda = 0$ 时，系统发育信号的影响不显著；当 $\lambda=1$ 时，系统发育信号的影响显著。在分析过程中，总脑和脑区域大小作为反应变量，生态因素作为预测变量，身体大小作为协变量，从而检验生态因素对总脑和脑区域大小的影响。使用主成分分析将脑区域合并为正交分量(Revell，2009)，然后使用广义线性模型(generalized linear model，GLM)分析生态因素对脑区域正交分量的影响，所有分析均采用III型平方和进行。

2.3 结　　果

2.3.1 总脑大小和脑区域大小的异速生长

没有控制系统进化关系时，总脑大小分别与各个脑区域大小呈显著性正相关(R^2>0.48，$F_{1,41}$≥51.67，P<0.001)(表2-1)；控制系统进化关系后，总脑大小与各个脑区域大小的相关性显著(表2-2，图2-3)。总脑大小和嗅神经大小的异速生长系数明显大于1，嗅神经大小与嗅脑、端脑和中脑大小的异速生长系数明显大于1，嗅脑大小与端脑大小和中脑大小的异速生长系数明显大于1(表2-3)。

表2-1　5个脑区域大小与总脑大小的回归分析

脑区域	斜率(α)	截距(β)	95%置信区域	R^2校正值
嗅神经	2.377*	0.275	1.821～2.933	0.637
嗅脑	1.089	0.230	0.985～1.756	0.479
端脑	0.948	0.054	0.838～1.058	0.879
中脑	1.172	0.093	0.984～1.360	0.790
小脑	1.251	0.140	0.968～1.534	0.653

*P<0.05，表明斜率明显不为1。

表2-2　控制系统进化关系后5个脑区域大小与总脑大小的回归分析

脑区域	斜率(α)	截距(β)	95%置信区域	R^2校正值
嗅神经	1.952*	−0.059	1.386～2.518	0.537
嗅脑	1.371	0.190	0.735～1.442	0.547
端脑	0.987	0.013	0.886～1.089	0.904
中脑	0.952	−0.018	0.804～1.100	0.805
小脑	1.001	−0.018	0.647～1.355	0.436

*P<0.05，表明斜率明显不为1。

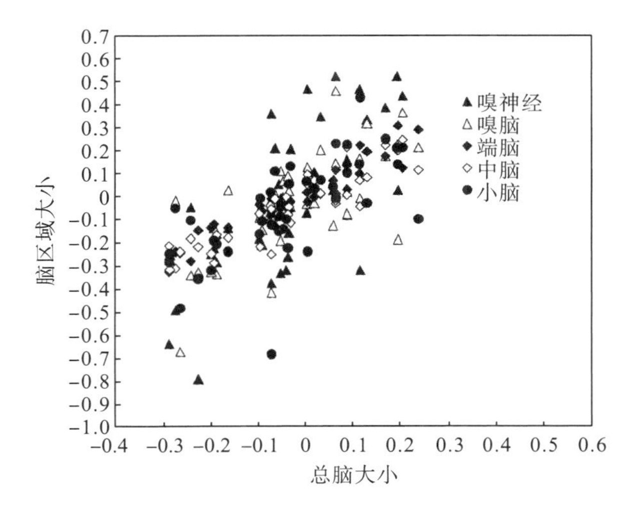

图 2-3　43 种两栖动物 5 个脑区域（嗅神经、嗅脑、端脑、中脑和小脑）大小与总脑大小的相关性

表 2-3　控制系统进化关系后 5 个脑区域大小之间的回归分析

脑区域	嗅神经	嗅脑	端脑	中脑	小脑
嗅神经		1.699* (1.196～2.210)	2.542* (1.524～3.567)	2.491* (1.796～3.752)	1.766 (0.358～3.174)
嗅脑	0.589* (0.411～0.766)		1.496* (1.145～2.149)	1.466* (1.102～2.219)	1.041 (0.524～1.555)
端脑	0.393* (0.236～0.551)	0.662* (0.377～0.958)		0.980 (0.736～1.212)	0.868 (0.400～1.090)
中脑	0.399* (0.234～0.487)	0.681* (0.435～0.989)	1.020 (0.767～1.275)		0.710* (0.460～0.958)
小脑	0.567 (0.116～1.019)	0.961 (0.485～1.437)	1.440 (0.831～2.050)	1.411* (1.014～1.908)	

*P<0.05，表明斜率明显不为 1。

2.3.2　生态因素对脑大小进化的影响

栖息地类型、天敌压力（天敌风险程度）和食物类型对总脑、嗅神经和小脑大小的影响不显著（表 2-4）。栖息地类型明显影响端脑大小的进化，树栖物种比生活在其他栖息地的物种有更大的端脑（图 2-4）；天敌压力明显影响嗅脑和中脑大小的进化，即天敌压力越大，嗅脑和中脑也越大（图 2-5）；食物类型与端脑的变化呈显著性负相关，即取食肉类的物种比取食杂食的物种有更大的端脑（图 2-6）。

表 2-4　生态因素对 43 种两栖动物总脑和 5 个脑区域相对大小的影响

反应变量	斜率(β)	自由度(df)	预测变量	t	P
总脑	0.01612	3,43	栖息地类型	0.48	0.63
	−0.07274	1,43	食物类型	−1.57	0.12
	−0.02521	2,43	天敌风险程度	−0.42	0.67
	1.57226	1,43	身体大小	7.61	<0.001
嗅神经	0.08150	3,43	栖息地类型	0.80	0.43
	−0.14260	1,43	食物类型	−1.02	0.31
	0.01208	2,43	天敌风险程度	0.07	0.95
	3.33417	1,43	身体大小	5.32	<0.001
嗅脑	0.00901	3,43	栖息地类型	0.16	0.87
	−0.07775	1,43	食物类型	−1.12	0.14
	0.92178	2,43	天敌风险程度	1.33	0.038
	2.23495	1,43	身体大小	6.34	<0.001
端脑	0.14112	3,43	栖息地类型	1.33	0.019
	−0.16387	1,43	食物类型	−1.64	0.044
	−0.02178	2,43	天敌风险程度	−0.33	0.74
	1.500247	1,43	身体大小	6.66	<0.001
中脑	0.00547	3,43	栖息地类型	0.11	0.91
	−0.00810	1,43	食物类型	−0.12	0.90
	1.02394	2,43	天敌风险程度	2.28	0.008
	1.46540	1,43	身体大小	4.91	<0.001
小脑	0.02084	3,43	栖息地类型	0.31	0.76
	0.20241	1,43	食物类型	2.19	0.35
	−0.01932	2,43	天敌风险程度	−0.16	0.87
	1.51088	1,43	身体大小	3.65	<0.001

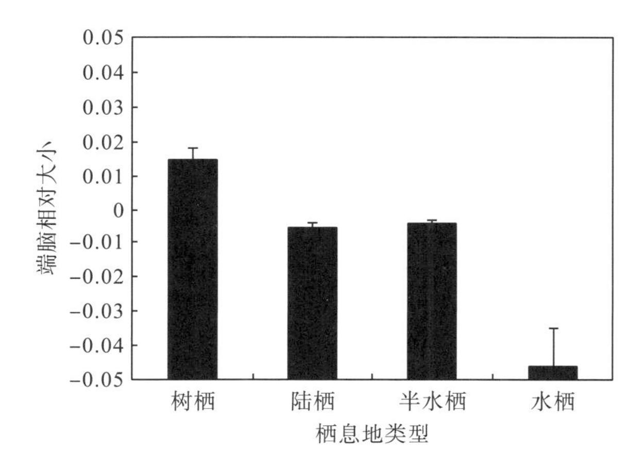

图 2-4　不同栖息地类型 43 种两栖动物端脑相对大小的差异性

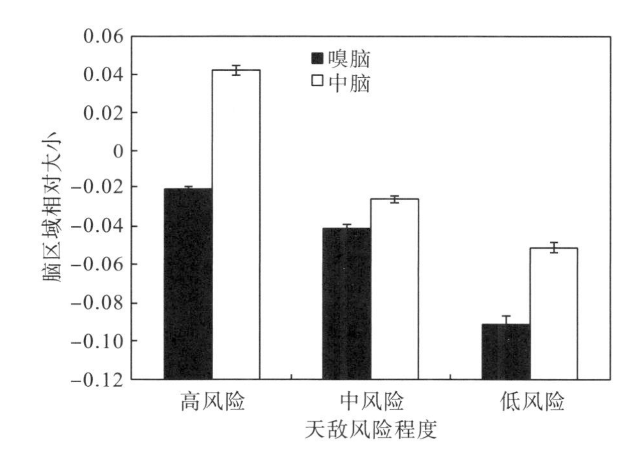

图 2-5　天敌风险程度对 43 种两栖动物嗅脑和中脑相对大小的影响

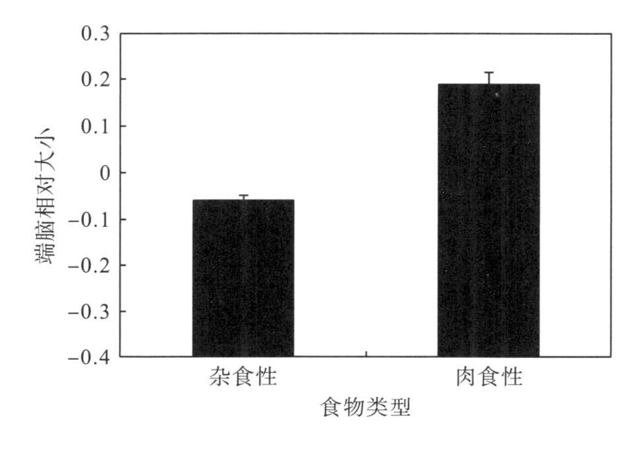

图 2-6　不同食物类型 43 种两栖动物端脑相对大小的差异性

2.3.3 生态因素对脑区域主成分积分的影响

主成分分析把 5 个脑区域分为 3 个主成分(表 2-5)，第一主成分主要包括端脑、中脑和小脑，占 80.5%；第二主成分包括嗅神经和小脑，占 13.4%；第三主成分为嗅脑，占 6.1%。GLM 分析表明栖息地类型对 3 个主成分积分影响显著(PC1：$F_{3,83}$=2.42，P=0.047；PC2：$F_{3,83}$=4.67，P=0.005；PC3：$F_{3,83}$=3.33，P=0.028。图 2-7)，食物类型和天敌压力对三个主成分积分影响不显著(①食物类型。PC1：$F_{1,83}$=0.87，P=0.441；PC2：$F_{1,83}$= 0.93，P=0.392；PC3：$F_{1,83}$ =0.97，P=0.350。②天敌压力。PC1：$F_{2,83}$=2.52，P=0.100；PC2：$F_{2,83}$ = 1.67，P=0.281；PC3：$F_{2,83}$=2.34，P=0.223)。

表 2-5 43 种两栖动物 5 个脑区域主成分分析

脑区域	分子系统进化主成分		
	第一主成分(PC1)	第二主成分(PC2)	第三主成分(PC3)
嗅神经	0.182	0.781	0.314
嗅脑	0.022	0.031	0.898
端脑	0.821	0.104	0.013
中脑	0.865	0.121	0.124
小脑	0.792	0.252	0.036
特征值	4.106	0.851	0.313
主成分比例	80.5%	13.4%	6.1%

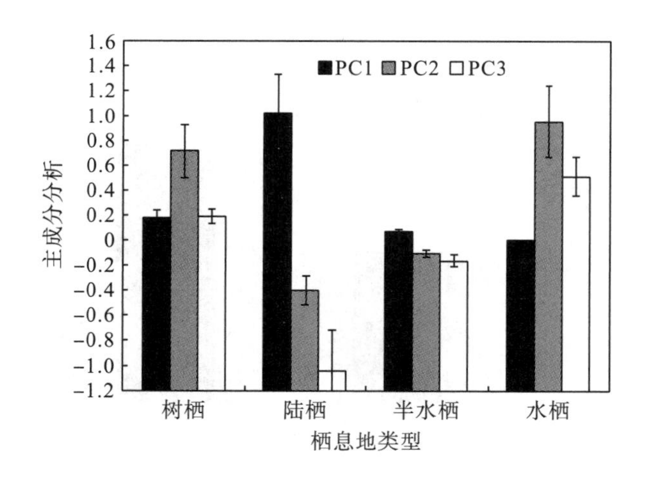

图 2-7 不同栖息地类型 43 种两栖动物脑区域主成分的差异性

2.4 讨　　论

本章主要阐述了两栖动物总脑和脑区域大小的进化，两种脑大小进化假说均能够解释两栖动物脑大小异速进化。虽然栖息地类型、食物类型和天敌压力对总脑大小的变化影响不显著，但是总脑大小的变化与部分脑区域大小变化的斜率相似，其支持“脑大小限制进化假说”。“脑大小镶嵌进化假说”也能解释两栖动物脑大小异速进化，其原因是栖息地类型和食物类型均能够解释端脑大小的变化，且栖息地类型对脑大小的三个主成分积分影响显著。此外，中脑大小与天敌压力呈显著性正相关，表明高天敌压力的物种拥有更大的中脑。生态因素与总脑大小和脑区域大小的相关性支持不同脑区域大小独立进化的特征，其与自然选择生态因素的差异性有关。

早期对脊椎动物脑大小异速进化的研究结果支持“脑大小镶嵌进化假说”（Barton and Harvey，2000；Barton et al.，2003；Whiting and Barton，2003；Iwaniuk et al.，2004；Gonzalez-Voyer et al.，2009a），其原因是选择增加的脑区域与该脑区域的功能密切相关（Barton and Harvey，2000；de Winter and Oxnard，2001）。然而，在某些情况下，脑大小异速进化支持“脑大小限制进化假说”（Finlay and Darlington，1995；Clancy et al.，2001；Finlay et al.，2001；Yopak et al.，2010；Powell and Leal，2012）。两栖动物脑区域大小异速进化明显弱于鲨鱼和哺乳动物（Reep et al.，2007；Finlay and Darlington，1995），其与“脑大小镶嵌进化假说”一致。因此，相比鲨鱼和哺乳动物，两栖动物脑区域大小进化相对总脑大小的进化更加独立。然而有关生态因素对不同脑区域大小进化的影响的研究结果表明，两栖动物脑大小异速进化也支持“脑大小限制进化假说”。

不同脑区域的生长速率不同，彼此之间呈现异速生长（Taylor et al.，1995；Iwaniuk et al.，2004）。两栖动物嗅神经大小与总脑大小的相关性明显高于其他 4 个脑区域，此外，中脑与嗅神经、嗅脑、端脑和小脑表现出明显的异速生长关系。两栖动物与灵长类、食虫类和鸟类的脑大小异速进化支持“脑大小镶嵌进化假说”；相反，虽然少量研究认为总脑大小可以解释总脑和脑区域大小的异速进化（Yopak et al.，2010），但“脑大小限制进化假说”不能充分解释大多数脊椎动物脑大小的异速进化特征（Iwaniuk et al.，2004）。

理论模型预测大的脑在复杂的社会环境中能够储存和处理更多信息，从而促使个体改变和发展新的行为来增强对环境变化的适应性（Finlay and Darlington，1995；Barton and Harvey，2000；Finlay et al.，2001；Yopak et al.，2010）。大量的研究发现生态环境因子变化能够解释动物脑大小的进化（Huber et al.，1997；Hutcheon et al.，2002；Kalisińska，2005；Dunbar and Shultz，2007；Yopak et al.，2007；Ranade et al.，2008），与其他动物类群一样，两栖动物不同脑区域的大小与栖息地类型密切相关（Taylor et al.，1995）。“脑大小镶嵌进化假说”在不同动物类群（Baron et al.，1996；Ranade et al.，2008）和同一物种不同种群中被广泛验证（Gonda et al.，2009a；Jiang et al.，2015），栖息地类型选择与某个脑区域大小进化的关系，与“脑大小镶嵌进化假说”一致。研究结果表明，两栖动物端脑大小的进化与栖息地类型关系不显著（Taylor et al.，1995），然而，本章讨论发现树栖物种比在其他栖息地生活的物种有更大的端脑。端脑具有空间识别和记忆的功能(Salas et al.，2003)，树栖物种具有更大的端脑是为了提高在三维栖息地中的运动和导航能力。虽然研究发现树栖物种比其他栖息地的物种有更大的小脑(Taylor et al.，1995)，但树栖物种的中脑和小脑大小与其他栖息地生活的物种的中脑和小脑大小差异不显著。

鱼类、鸟类和兽类的食物质量与其总脑和脑区域大小密切相关(Gittleman，1986；Dunbar and Shultz，2007；Arnold et al.，2007)，例如，脑大的灵长类和食肉类倾向于取食质量更高的食物(Gittleman，1986；Dunbar and Shultz，2007)。事实上，人类有相对大的脑与食物中含有更高比例的动物性食物有关(Leonard et al.，2003)。同样，取食鱼类的鱼比取食海藻或附着生物的鱼有更大的脑容量(Gonzalez-Voyer et al.，2009b)。端脑具有空间识别和记忆功能(Salas et al.，2003)，在研究的两栖动物中，肉食性物种比杂食性物种有更大的端脑，其原因是取食肉性食物可以增加两栖动物端脑的空间识别和记忆能力。

天敌风险是动物面对的一种重要的选择压力，动物更强的形态和行为适应能力可以提高避开天敌压力的概率(Jerison，1973)。鸟类天敌压力明显影响其脑大小的进化(Garamszegi et al.，2002；Møller and Erritzøe，2014)，其原因是脑和脑区域大的物种能够更好地评估天敌压力和侦察天敌(Striedter，2005)。在两栖动物中，面临更高天敌压力的物种具有更大的中脑，其原因是更大的中脑拥有更好的侦察和识别潜在天敌的能力。鸟类的小脑表现出具有侦察和识别潜在天敌的能力(Møller and Erritzøe，2014)，两栖动物的小脑不具备这些能力。除生态因素以外，性选择和社会行为明显影响脊椎动物脑大小的进化(Lefebvre et al.，2002；Sol et al.，2002；Garamszegi et al.，2005a；Gonzalez-Voyer et al.，2009b；Gonzalez-Voyer and Kolm，2010；Kotrschal et al.，2012；Fitzpatrick et al.，2012；García-Peňa et al.，2013；Herczeg et al.，2014)。因此，研究两栖动物的性选择和社会行为对脑大小进化的影响非常必要。

2.5 小　结

(1) 两栖动物脑大小异速进化既支持“脑大小镶嵌进化假说”，又支持“脑大小限制进化假说”。

(2) 栖息地类型、食物类型和天敌压力对总脑大小的进化影响不显著，对部分脑区域大小的进化影响显著。

(3) 树栖物种比生活在其他栖息地的物种有更大的端脑，天敌压力越大，嗅脑和中脑也越大，取食肉类的物种比取食杂食的物种有更大的端脑。

第3章　环境季节性变化对两栖动物脑大小进化的影响

3.1　环境季节性变化对两栖动物脑大小进化的影响研究概况

脑大小在不同物种之间存在着巨大的差异(Striedter，2005)，近几十年来，大量研究发现了一系列促进脑大小进化的因素(Harvey et al.，1980；Kotrschal et al.，1998；Marino，1998；Day et al.，2005；Avilés and Garamszegi，2007；van Woerden et al.，2012；Liao et al.，2015b；Wu et al.，2016；Zeng et al.，2016)。因此，人们提出了几种适应性假说来阐释脊椎动物脑大小的进化，大多数假说认为，由于相对较大的脑所带来的认知上的优势，脑倾向于进化得更大(Deaner et al.，2007；Tomasello，2009；Reader et al.，2011；Kotrschal et al.，2013b)。例如"认知缓冲假说"(cognitive buffer hypothesis)认为，较大的脑可以增加行为灵活性，从而有助于适应不可预测的环境变化(Allman et al.，1993；Lefebvre et al. 1997)。"认知缓冲假说"的核心观点认为，由于个体在季节性变化较强的栖息地中更难以找到食物来源，其将导致个体更强烈的认知需求，因此，脑容量更大的物种更容易生存(Sol et al.，2005a，2008)。最近一项针对鸟类的研究发现，在季节性变化明显的环境中，脑大小和环境变化呈显著正相关(Sayol et al.，2016b)，而关于新热带界鹦鹉的研究显示，气候变化与脑大小呈正相关(Schuck-Paim et al.，2008)。这些研究均为"认知缓冲假说"提供了支撑。此外，非迁徙鸟类的脑容量通常比迁徙鸟类的大(Winkler et al.，2004；Sol et al.，2005b，2010)，这被解释为定居鸟类的认知缓冲效应，即脑容量较大的物种拥有更强的认知能力，有助于适应变化或恶劣的环境，而脑容量较小的物种则通过迁徙来逃避这些环境的挑战。因此，脑大小与环境的季节性变化密切相关。

脑是脊椎动物体内最耗能的器官之一(Mink et al.，1981；Raichle and Gusnard，2002)，环境因素会对其进化施加能量上的限制(van Woerden et al.，2012；Isler and van Schaik，2009；Jiang et al.，2015)。因此，只有在增加能量供应、减少其他器官的能量分配(Lukas and Campbell，2000；Tsuboi et al.，2015；Liao et al.，2016a；Kotrschal et al.，2016；Kozlovsky et al.，2014)或两者结合来节省能量(Isler and van Schaik，2009；Aiello and Wheeler，1995)以供脑发育的情况下，才有可能进化出更大的脑。这种基于脑进化的能量需求的观点通常被称为"脑高耗能假说"(expensive brain framework)。针对季节性变化的挑战，动物在存在季节性变化的环境中经历周期性的能量短缺时，可能减小其脑大小以度过这段时期。因此，脑大小可能与季节性变化的强度呈负相关，尤其是与食物缺乏期的持续时间呈负相关(Isler and van Schaik，2009；van Woerden et al.，2010；Jiang et al.，2015)。这可能与小岛上的情况类似，研究者认为居住在岛屿上的哺乳动物脑容量相对较小与岛上有限的资源相关(Filin and Ziv，2004；Köhler and Moyà-Solà，2004；Lomolino，2005；Weston and Lister，2009)。支持“脑高耗能假说”的最有力证据来自灵长类的长尾猿，其脑相对大小与季节性变化呈负相关(van Woerden et al.，2010)，然而，在同一群体的动物中，“认知缓冲假说”也得到了支持(van Woerden et al.，2012)。因此，目前尚不清楚脊椎动物脑大小的进化与季节性变化之间的关系是否具有普遍性，尤其是数量占所有脊椎动物物种75%的变温脊椎动物(鱼类、两栖动物和爬行动物)，这种关系还没有得到充分的探索(Bunge and Fitzpatrick，1993)。变温动物的脑特别容易与环境或季节因素协同进化，因为它们的代谢活动范围完全取决于环境温度(Sol et al.，2016)，因此，研究两栖动物脑大小进化和环境季节性变化之间的关系非常必要。

环境的季节性变化(通常以平均温度和/或降水的变化和/或旱季的长度为标准)常常决定食物的可获得性，在蛙类中，环境变化主要是通过影响昆虫的数量来决定食物资源(Wen and Zhang，2010；Shi et al.，2011)。昆虫的死亡率通常由不同物种生存环境的季节性变化程度决定(Fitt，1989；Morecroft et al.，2002；Savage et al.，2004；Staley et al.，2007；Shi et al.，2011；Dang and Chen，2011)，越明显的季节性变化导致越少的食物供应。如果行为适应性或其他认知优势有助于克服周期性的食物短缺，脑大小和季节性变化应该呈显著性正相关；如果周期性食物短缺通过节省较大的脑发育所需的能量来克服，脑大小和季节性变化之间应该呈显著性负相关。本章使用系统发育广义最小二乘法(phylogenetic generalized least squares，PGLS)通过中国的30种两栖动物检验了这两种相反假说的预测，并将脑解剖结构与三种季节性指标(降水量变异系数、旱季长度、温度变异系数)联系起来进行分析。

“认知缓冲假说”和“脑高耗能假说”预测了物种总脑大小与栖息地季节性变化的关系，对于脑区域来说，目前没有验证这些假说。然而，在鸟类中，脑的相关区域(如中脑)被认为与学习有关，因此，脑区域大小应该随着季节性变化强度的增加而增加(Sayol et al.，2016a)。大量的神经生理学研究表明，脑区域大小能够反映不同类群在不同栖息地、食物质量或捕食风险状况下的认知能力(Clutton-Brock and Harvey，1980；Huber et al.，1997；Safi and Dechmann，2005；Pollen et al.，2007；Dunbar and Shultz，2007；Wu et al.，2016)。例如鱼类的前脑大小与栖息地的复杂程度呈正相关(Huber et al.，1997；Pollen et al.，2007)，而食鱼的鱼类脑最大(Huber et al.，1997；Kotrschal et al.，1998)。捕食压力更大的两栖动物倾向于进化更大的嗅脑和中脑(Liao et al.，2015b)，而孔雀鱼(*Poecilia reticulata*)的捕食压力导致其前脑和中脑更大(Kotrschal et al.，2017a)。两栖动物脑的5个主要脑区域(嗅神经、嗅脑、端脑、中脑和小脑)大小是否与季节性变化有关呢？如果将“认知缓冲假说”推广到这些区域，那么季节性变化可能与控制行为灵活性的脑区域(如端脑)大小呈正相关(Portavella et al.，2002)。如果脑区域大小符合“脑高耗能假说”，能量限制在两栖动物脑大小进化中具有更大的影响，那么需要验证哪些脑区域大小会随着季节的变化而变化。

本章的研究目的：①基于30种两栖动物的总脑大小和5个不同脑区域大小与温度变化、降水量变化以及旱季长度的数据来检验“认知缓冲假说”和“脑高耗能假说”；②探讨环境季节性变化对两栖动物总脑大小和不同脑区域大小变化的影响。

3.2　材料和方法

3.2.1　野外采样

大多数蛙类的性别比都存在明显的雄性偏差，野外很难获得雌性(Liao et al.，2015b)，因此，在野外只收集了研究物种的雄性个体。本研究组于 2007～2014 年两栖动物的繁殖季节，在中国的横断山采集所有样品，共收集了 30 种两栖动物的 171 只成年雄性个体，每个物种都在单一的地点取样，且记录了采样点的海拔、经度和纬度，根据第二性征确认所有个体的性别(Liao et al.，2015a)，并转移到实验室，分别放置在有食物的矩形(0.5m×0.4m×0.4m)容器中保存(Zeng et al.，2016)。用苯佐卡因麻醉个体，并用双毁髓法处死个体(Jin et al.，2015)，最后将所有标本保存在 4%磷酸盐缓冲的福尔马林溶液中固定。样品保存 2～8 周，使用精确度为 0.01mm 的游标卡尺测量其身体大小，用精确度为 0.1mg 的电子天平测量其体重。

3.2.2　脑数据收集

解剖个体的脑，并用精确度为 0.1mg 的电子天平称其重量，测量总脑和 5 个主要脑区域(嗅神经、嗅脑、端脑、中脑和小脑)的容量。事实上，评估蛙类在整个研究区范围内所经历的气候变化时，均考虑了每个物种都经历着季节性的变化。由于每个物种均在一个地方采集，微进化的潜在影响和跨物种差异性对研究结果影响不显著。

3.2.3　脑大小测量

样品的解剖、脑图像收集和脑大小的测量都是固定人员操作，为了减少人为误差，样品采用无信息的 ID-数字编码，样品的测量都是在不考虑物种身份的情况下进行。首先使用 Moticam 2006 光学显微镜上的 Motic Images 3.1 数码相机放大 400 倍拍摄脑的背面、腹侧、左侧和右侧的数字图像，对于背侧和腹侧视图，需要确保脑水平和对称放置，防止一个脑半球挡住另一个脑半球，对于成对脑区域，只测量右半球的大小，两个半球总的大小增大一倍。然后使用软件 tpsDig 1.37 测量数字照片中总脑、嗅神经、嗅脑、端脑、中脑和小脑的长度(L)、宽度(W)和高度(H)。最后，利用椭球体模型对总脑和不同脑区域的容积进行估计：$V=(L\times W\times H)\pi/(6\times 1.43)$。总脑和脑区域大小的所有分析均使用平均值，在分析之前，所有变量都进行了底数为 10 的对数变换以满足分布假设。因为有些测量值小于 1，为了避免对数转换后出现负值，所有的数据乘以 1000 后进行对数转换(Sokal and Rohlf，1995)。

3.2.4 分子系统发育树的构建

为了重建系统发育，从 GenBank 获得了 6 个基因序列，包括 3 个线粒体基因和 3 个核糖体基因。核基因序列包括重组激活基因 1（*RAG1*）、视紫红质（*RHOD*）和酪氨酸酶（*TYR*），线粒体基因包括细胞色素 b（*CYTB*）和线粒体核糖体基因大小亚基（*12S/16S*）。对于每一个位点，通过 MEGA v6.0.6 中的 MUSCLE 功能对序列进行比对（Kumar et al.，2016），然后基于 jModelTest v2.1.7 中的赤池信息量准则确定每个基因的最佳核苷酸替代模型（Darriba et al.，2012；Lüpold et al.，2017）。对于线粒体核糖体基因小亚基和酪氨酸酶来说，最好的替代模型是 $GTR+G$，对于重组激活基因 1 和视紫红质来说，最佳的替代模型是 $HKY+G$，而对于线粒体核糖体基因大亚基和细胞色素 b 来说，最佳的替代模型是 $HKY+G+I$。

首先，使用 MrBayes v3.2.6 基于贝叶斯推理重建了系统发育过程（图 3-1）（Ronquist et al.，2012），由于物种样本中缺乏化石年代，分析认为物种形成事件的绝对时间不如相对分支长度重要，所以忽略了时间校准点。然后，使用 2000 万代的马尔可夫链蒙特卡罗法（Markov chain Monte Carlo，MCMC）进行模拟，且每 2000 代采样一棵树，同时使用 Tracer v1.6.0 来检验贝叶斯链的收敛性和所有参数的稳态（Rambaut and Drummond，2014），并认为大于 200 的有效样本量是足够的。最后，使用 TreeAnnotator v1.8.3 以平均节点高度和 10%的老化率生成最大枝可信度树（Drummond et al.，2012）。

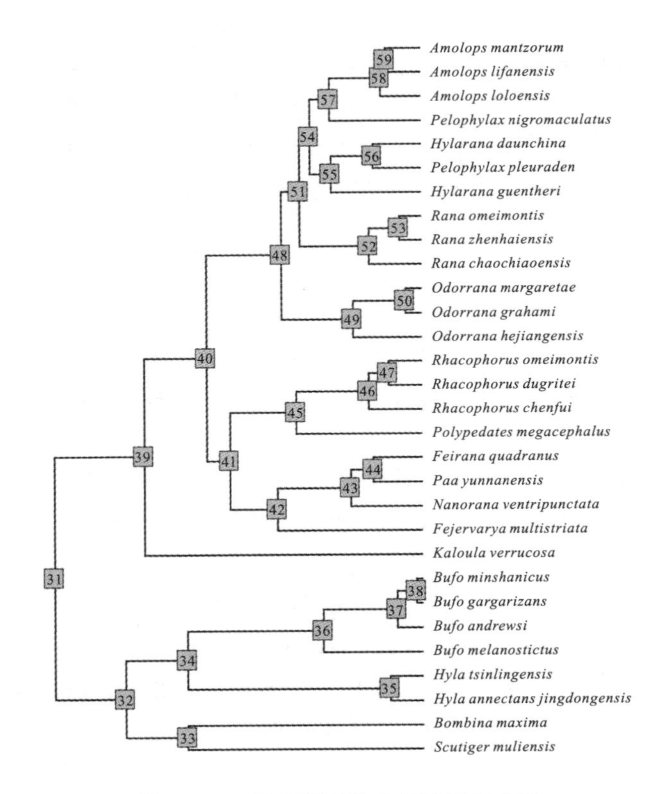

图 3-1　30 种两栖动物分子系统发育树

3.2.5　季节性数据收集

根据每个物种采集点地理位置，在网站(https：//www.meteoblue.com)上检索了各地的月平均温度和降水量数据，降水量变化的测量使用两种标准：①变异系数(CV=SD/mean)；②P2T，旱季长度定义为总降水量小于平均气温两倍的月份数(Walter，1976)。从中国气象站收集了 2011～2015 年每个采集点的日平均温度，计算五年平均温度变化系数。如果动物对环境极端变化作出行为反应，那么它们可能会需要更高的认知能力，因此，温度变化系数的增加可能会影响脑大小。从生理学上讲，两栖动物可以通过增加冬眠时间来应对季节性变化(Wells，2007)，采集的所有物种的冬眠期长度都可能影响其脑大小的进化，然而，收集所有物种冬眠时间的数据超出了当前研究的范围。

3.2.6　数据分析

所有的统计分析均使用 R 统计软件 3.6 版本，利用系统发育广义最小二乘(PGLS)模型(Freckleton et al.，2002)解释共享祖先数据的非独立性。根据最大似然方法，PGLS 回归估计了一个系统发育信号参数 λ，λ 估计了系统发育信号对环境因素与脑大小关系的影响($\lambda = 0$ 表示无系统发育信号，$\lambda = 1$ 表示强系统发育信号)。使用 PGLS 分析身体大小与温度季节变化的关系，以检测季节性变化是否与较小的脑或较大的身体有关。由于脑受到广泛的选择性压力影响，因此，将总脑大小作为反应变量，将环境的季节性变化作为独立变量，将身体大小作为协变量，使用多元系统控制的线性回归模型来检验总脑大小和环境季节性变化程度的关系。将脑区域大小作为反应变量，将环境的季节性变化作为独立变量，将脑剩余部分(总脑大小减去各脑区域大小)作为协变量来检验脑区域大小与环境季节性变化的关系。最后使用一个单独的模型，控制潜在具有共线性的月温度和年温度变异系数，并将脑区域大小作为反应变量，温度变异系数作为独立变量，脑剩余部分作为协变量，以探究温度变异系数对脑区域大小的影响。

3.3　结　　果

身体大小与温度季节变化的相关性不显著(P=0.089)，表明样本身体大小与季节性变化没有关系。当控制系统进化关系、身体大小和体重的影响时，总脑相对大小与温度变异系数(CV)之间显著负相关(图 3-2)(λ=0.126$^{0.670,<0.001}$，β=−0.259，t=−1.907，P=0.048)。与此相反，总脑相对大小与降水量变异系数和旱季长度的相关性不显著(图 3-3)(降水量变异系数：λ=0.234$^{0.272,<0.001}$，β=−0.109，t=−0.988，P=0.332。旱季长度：λ=0.397$^{0.070,<0.001}$，β=0.015，t=1.919，P=0.066)。

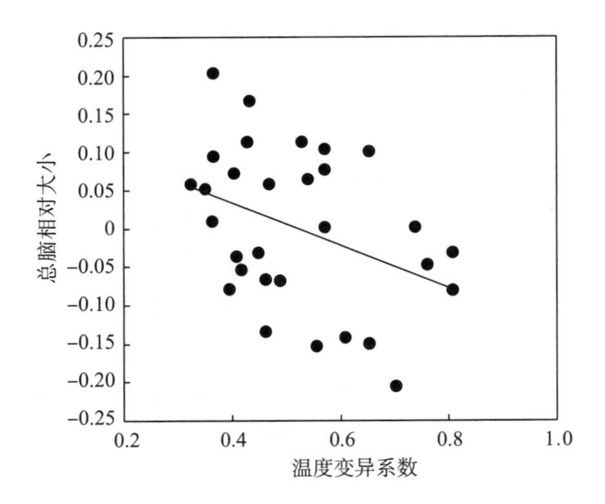

图 3-2 两栖动物总脑相对大小与温度变异系数的相关性

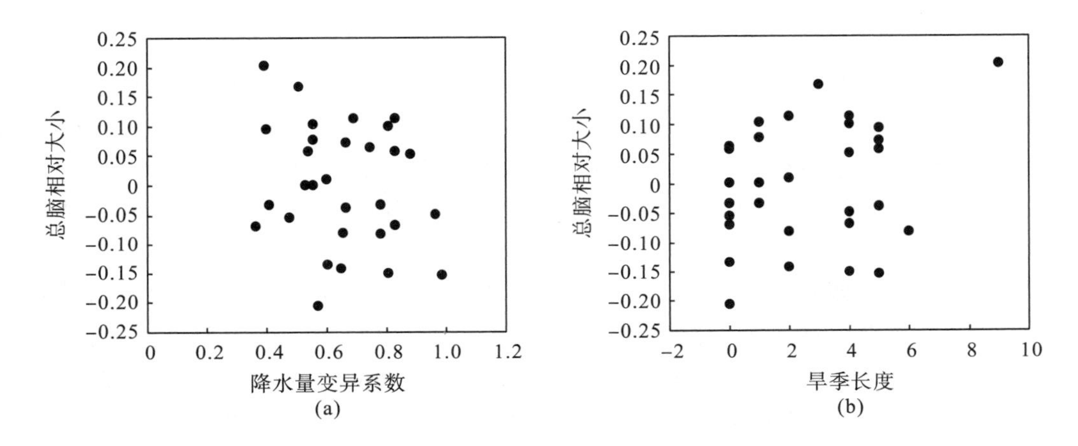

图 3-3 两栖动物总脑相对大小与降水量变异系数和旱季长度的相关性

多元线性回归分析表明：总脑相对大小与月温度的变化呈显著负相关，与降水量变异系数和旱季长度的相关性不显著(表 3-1)，同时，年温度的变异系数对总脑相对大小的影响不显著(λ=0.232$^{0.189,<0.0001}$，β=−0.255，t=−0.662，P=0.634)。

表 3-1 30 种两栖动物总脑和脑区域大小进化与环境季节性的关系

反应变量	λ	预测变量	β	t	P
总脑	0.320$^{0.266,0.023}$	温度变异系数	−0.098	−3.123	0.022
		降水量变异系数	−0.154	−1.292	0.209
		旱季长度	0.075	0.473	0.640
		体长	2.134	3.781	<0.001
		体重	−0.177	−1.006	0.324
嗅神经	0.730$^{0.051,<0.001}$	温度变异系数	−0.106	−1.156	0.260
		降水量变异系数	−0.028	−0.434	0.668

续表

反应变量	λ	预测变量	β	t	P
嗅神经	$0.730^{0.051,<0.001}$	旱季长度	−0.003	0.657	0.518
		脑剩余部分	0.278	5.838	<0.001
嗅脑	$0.713^{0.001,0.077}$	温度变异系数	−0.080	−1.621	0.118
		降水量变异系数	−0.002	−0.063	0.950
		旱季长度	−0.001	−0.052	0.959
		脑剩余部分	0.138	5.411	<0.001
端脑	$0.479^{0.015,<0.001}$	温度变异系数	−0.007	−0.389	0.700
		降水量变异系数	0.011	0.813	0.424
		旱季长度	0.001	0.683	0.501
		脑剩余部分	0.078	8.20	<0.001
中脑	$0.870^{0.149,<0001}$	温度变异系数	−0.103	−3.653	0.001
		降水量变异系数	−0.017	−1.486	0.150
		旱季长度	0.019	1.107	0.278
		脑剩余部分	0.094	10.360	<0.001
小脑	$<0.001^{1.0,<0.001}$	温度变异系数	−0.021	−0.562	0.579
		降水量变异系数	−0.028	−0.986	0.337
		旱季长度	<0.001	0.023	0.982
		脑剩余部分	0.132	7.058	<0.001

对于脑区域大小的变化，控制身体大小的 PGLS 模型揭示了中脑相对大小的变化与温度变异系数的变化呈显著负相关(图 3-4)。当控制总脑大小的影响后，随季节性变化程度的增加，两栖动物中脑的大小明显减小，嗅神经、嗅脑、端脑和小脑的大小与平均温度变化的相关性不显著(表 3-1)。中脑大小也与降水量变异系数以及旱季长度的相关性不显著(表 3-1，图 3-5)。PGLS 模型表明脑区域大小与多年温度的变异系数相关性不显著($\lambda \leqslant 0.522^{0.001,<0.001}$，$\beta \leqslant 0.224$，$t \leqslant 0.546$，$P \geqslant 0.342$)。

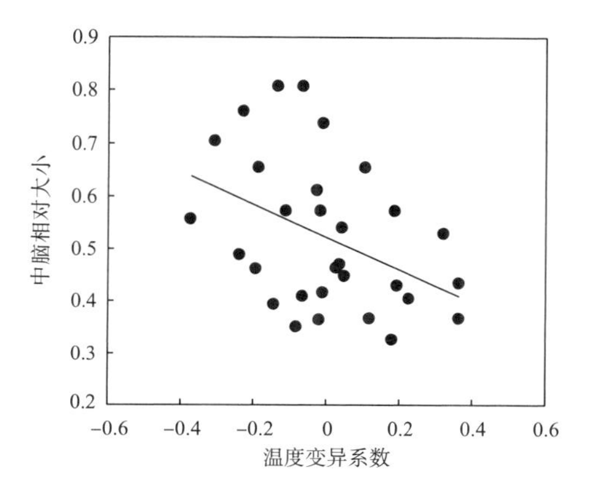

图 3-4　两栖动物中脑相对大小与温度变异系数的相关性

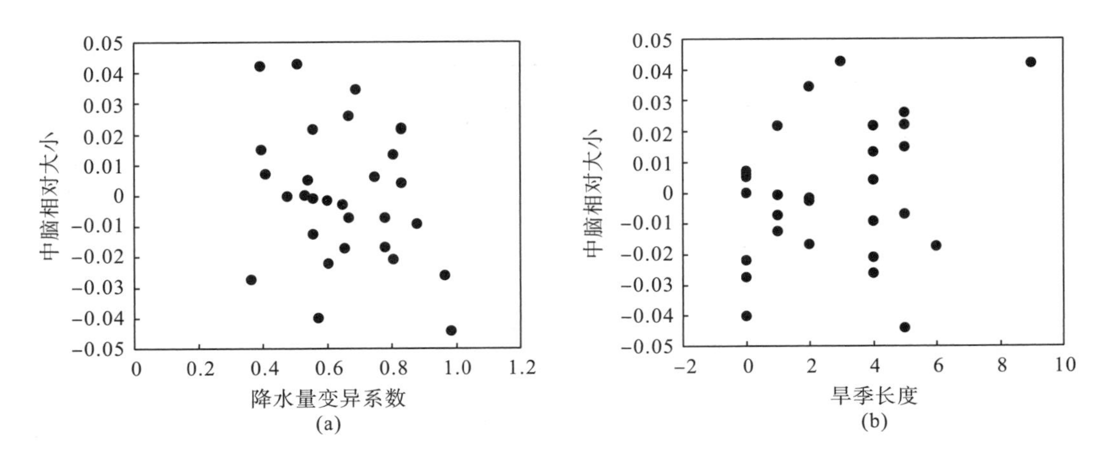

图 3-5 两栖动物中脑相对大小与降水量变异系数和旱季长度的相关性

3.4 讨　论

变温脊椎动物脑大小进化与环境季节性变化的相关性研究表明，总脑相对大小与平均温度的变化之间呈显著负相关，其与“脑高耗能假说”一致。两栖动物可能通过减小脑容量来储存能量，从而解决周期性食物短缺的问题，两栖动物中脑相对大小与平均温度的变化呈显著负相关。

由于寻找新的食物来源和/或改变食物来源需要灵活的取食行为，因此季节性的认知缓冲使脑容量大的动物能够生活在食物稀少的栖息地(van Woerden et al.，2012；Sol et al.，2005b)。季节性变化程度高的动物可能倾向于进化相对较大的脑，其可能是“认知缓冲假说”的一个特例(Sol et al.，2007；Schuck-Paim et al.，2008)。基于 30 种蛙类的研究表明，总脑相对大小与降水量变异系数和旱季长度的相关性不显著，表明季节性变化不影响两栖动物脑大小的进化，然而，随着环境温度的升高，总脑相对大小逐渐减小，其与“认知缓冲假说”的预测相反，支持了“脑高耗能假说”。两栖动物脑大小进化与季节性的关系首次支持“脑高耗能假说”，目前，尚无数据表明两栖动物脑大小与认知能力之间存在明确的联系，这就是在两栖动物中需谨慎引用“认知缓冲假说”的原因。特别是 Amiel 等(2011)在两栖动物和爬行动物中发现，成功的入侵者有相对较大的脑。因此，关于两栖动物脑大小进化与季节性的关系研究不支持“认知缓冲假说”的观点还为时过早。

周期性食物短缺可能限制脑大小的进化，因为动物在这些时期可获得的能量显著减少。环境温度变化大时，两栖动物通过延长冬眠时间来适应较短的觅食、生长和繁殖的季节(Wells，2007)，这可能有助于解释研究结果，因为较小的脑消耗更少的能量，从而可能导致更长的冬眠期，然而，需要更多的研究来探讨冬眠期长度是否与脑大小进化有关。重要的是，关于华西蟾蜍的研究提供了间接证据，因为活动期长的华西蟾蜍比活动期短的华西蟾蜍有相对更大的脑(Jiang et al.，2015)。因此，无论是在微观进化过程还是在宏观进化模式上，季节性变化对两栖动物脑大小进化的影响均是显而易见的。

变温动物和恒温动物脑大小进化对季节性变化的反应展现出差异性，例如鸟类和哺乳动物脑大小和季节性变化之间呈显著正相关(Sol，2009；Sol et al.，2005a；Sayol et al.，2016b；van Woerden et al.，2010)，而两栖动物的脑大小与季节性变化呈负相关(Jiang et al.，2015)。无论如何，节约能量的好处必须超过脑容量减小所带来的认知利益，这为恒温物种和变温物种之间的差异性提供了两种可能的解释。首先，两栖动物脑大小与行为灵活性的联系不明显，然而，鸟类和哺乳类的行为灵活性与脑大小呈正相关(Sol et al.，2008；Sayol et al.，2016b；van Woerden et al.，2010)，这种关系可以根据两栖爬行动物推断出来(Amiel et al.，2011)。此外，鱼类脑大小与性选择、捕食压力等方面的认知能力呈正相关(Kotrschal et al.，2013a，2013b；van der Bijl et al.，2015)，而毒蛙所表现出的高度行为灵活性表明这种情况可能性不大(Liu et al.，2016)。其次，变温动物的脑相对恒温动物的脑更耗费能量，因为变温动物每单位重量的脑组织消耗的能量与恒温动物相同，但变温动物的全身代谢率比恒温动物低 10 倍以上(White et al.，2007)，而且变温动物脑的新陈代谢对环境温度的反应不如身体的新陈代谢(Heath，1988)，因此，减少对脑大小的投入应该会使变温动物比恒温动物节省更多的能量。脑组织耗能的相对差异是变温动物和恒温动物脑大小对季节性变化的反应相反的基础。

稳定环境中的两栖动物比不稳定环境中的两栖动物有更大的中脑，除了中脑之外，脑大部分区域的大小似乎不受季节性变化的影响，中脑与平均温度变化的关系类似于总脑大小与平均温度变化的关系。总脑大小的进化通常会导致脑所有区域的协调变化(Kotrschal et al.，2017b)，其表明针对视觉能力的特定选择压力会导致中脑的减小，并伴随着视觉能力的降低(Striedter，2005)。两栖动物较大的中脑可以更好地发现潜在的捕食者，这可能是对高捕食风险的一种适应(Liao et al.，2015b；Jiang et al.，2015)。如果季节性变化和捕食者压力相互联系，即在温度变化较大的栖息地捕食者较少，那么在保持捕食风险不变的情况下，可能会减小中脑的大小。众所周知，生物多样性随季节性变化程度的减弱而增加(Rohde，1992)，这是否会导致两栖动物的捕食压力随季节性变化程度的增强而减弱还有待检验。此外，中脑在猎物定位和捕获中的作用是神经行为学的重要研究方向(Liao et al.，2015b；Garamszegi et al.，2002；Cronin et al.，2014；Taylor et al.，1995)。虽然这些研究的重点是捕获猎物，但很明显，中脑负责探测视野外移动的个体(Taylor et al.，1995)。此外，基于脑形态大小的比较，两栖动物嗅觉和视觉之间存在一种潜在的平衡(Taylor et al.，1995)，这表明栖息地偏好可能在蛙类感觉系统进化中发挥了作用，例如季节性变化程度更强的栖息地会有更多适于掘地的物种，那么这种生活方式会影响该物种脑区域大小的进化，从而影响研究结果。然而，因为掘地物种在气候范围内的分布是均匀的，30 种两栖动物的栖息地偏好分布不存在不均衡现象。

与其他脊椎动物如鸟类、鱼类或蜥蜴相比，两栖动物的某些行为特征可能使其更容易受到温度变化的限制，例如，蛙类的活动范围通常比其他脊椎动物要小(Duellman and Trueb，1986；Roff，1992；Liao，2011)，可能导致蛙类离开不利栖息地的能力下降。因此，两栖动物对栖息地的偏好通常具有高度专一性(Liao，2011；Fei et al.，2009)，这意味着“认知缓冲假说”解释脑大小进化的可能性相对较低。

为什么两栖动物脑相对大小与温度变异系数呈负相关，而与降水量变异系数或旱季长度无关呢？可以推测，这种关系可能是由昆虫的丰富度调节的，因为 30 种蛙类主要以昆虫和其他无脊椎动物为食(Fei et al.，2009)，且昆虫的生物量更多地取决于温度而非水分(Shi et al.，2011；Frith and Frith，1985；Guo et al.，2009)。此外，昆虫可以通过向更适宜的小气候移动来缓冲不同的水分或降水的影响，而难以缓冲温度的影响(Ferro et al.，1979)。因此，温度而非湿度与脑区域大小密切相关，这与“脑高耗能假说”的能量限制预测基本一致。然而，反对这一假说的论据认为，环境降水量的变化将影响两栖动物食物资源的丰富度(Wen and Zhang，2010；Shi et al.，2011)，在这个过程中，需要对两栖动物的食物质量及其与季节参数的关系进行更详细的分析，以阐明食物丰富度在两栖动物脑大小进化中的作用。以前对两栖动物的研究表明环境温度与取食偏好相关(Naya et al.，2009；Lou et al.，2014)，其原因是脑相对大小与肠长度呈显著负相关(Liao et al.，2016a)，且某些物种不同种群的肠长度随温度的变化而变化(Naya et al.，2009；Roff，2002)。因此，需要综合研究两栖动物食物质量、季节性变化和肠长度与脑大小进化的相互作用。

3.5 小 结

(1)“认知缓冲假说”认为，由于更大的脑所拥有的认知优势有助于应对食物短缺的时期，脑大小应该随着季节性变化程度的增强而增大。然而，“脑高耗能假说”提出，脑大小应该随季节性变化程度的减弱而减小，因为较小的脑耗能相对较少，能在食物短缺时期节约能量。两栖动物脑大小与温度变异系数呈显著负相关，其支持“脑高耗能假说”的预测。

(2)两栖动物中脑大小与温度变异系数呈显著负相关，表明大的中脑可以更好地发现潜在的捕食者，其可能是对高捕食风险的一种适应。

第 4 章　冬眠期的长度对两栖动物脑大小进化的影响

4.1　冬眠期的长度对脊椎动物脑大小进化的影响研究概况

哺乳动物脑的相对大小差异显著（Striedter，2005），选择进化较大的脑是因为它们在社会领域和生态领域获得了许多的认知利益（Byrne and Whiten，1988；Barrett and Henzi，2005；Emery et al.，2007；Dunbar and Shultz，2017；Parker and Gibson，1977；Sol，2009；Benson-Amram et al.，2016；Heldstab et al.，2016a，2016b；Navarrete et al.，2016；Powell et al.，2017），但是，较大的脑所带来的这些多方面的利益被更高的能量需求所抵消。脑组织是维持身体机能新陈代谢最旺盛的组织之一（Niven and Laughlin，2008），例如人类在静息状态下，占体重 2%的脑需要身体 20%～25%的新陈代谢能量（Mink et al.，1981）。而且，脑在任何时候均需要持续的能量供应，脑的维持和生长均需要大量的能量（Bauernfeind et al.，2014；Kuzawa et al.，2014），表现为脑较大的物种发育更慢，性成熟更晚（Sol et al.，2007；Isler and van Schaik，2009；Barton and Capellini，2011；Yu et al.，2018）。因此，物种要进化出比它的祖先更大的脑，拥有更大的脑所带来的益处必须超过脑发育和维持的代价。

当大多数研究都集中探讨增加脑大小能获得的利益时，“脑高耗能假说”则强调脑大的代价（Isler and van Schaik，2009）。增加脑大小要么受其他功能能量分配的限制（Navarrete et al.，2011；Heldstab et al.，2016b），要么受总能量输入的限制（Isler and van Schaik，2012；Pontzer et al.，2016；Genoud et al.，2018；Powell et al.，2017）。生活在季节性栖息地的动物，如果它们在食物缺乏的季节找不到足够的食物资源，那么饮食摄入不能维持相对较大的脑能量消耗，因此，周期性食物短缺被认为是限制脑大小进化的原因。哺乳动物和两栖动物脑大小进化的比较研究支持“脑高耗能假说”的预测（van Woerden et al.，2012，2014；Weisbecker et al.，2015；Luo et al.，2017），该假说认为周期性食物短缺的动物在能量摄入上无法维持脑的能量消耗。

周期性食物短缺动物的能量摄入在冬眠物种中最为明显，它们可以通过将能量消耗降低至活跃期基础代谢率的 6%来度过食物短缺时期（Ruf and Geiser，2015）。由于能量输入的急剧减少，冬眠的物种可能无法保障脑的能量供应，因此，分析冬眠期长度与脑大小的进化关系对理解能量输入与脑大小进化的关系特别重要。哺乳动物冬眠的存在与脑相对大小减小密切相关，支持“脑高耗能假说”（Heldstab et al.，2018）。那么两栖动物脑大小是否与冬眠期长度有关呢？本章将分析 38 种两栖动物脑大小进化与冬眠期长度的关系，从而验证两栖动物脑大小进化是否支持“脑高耗能假说”。

本章的研究目的：①基于 38 种两栖动物的总脑大小和冬眠期长度的数据来检验“认知缓冲假说”和“脑高耗能假说”；②探讨冬眠期长度对不同脑区域大小进化的影响。

4.2 材料和方法

4.2.1 样品采集

根据研究文献(Liao et al.，2015b；Yu et al.，2018)，收集了 38 种两栖动物脑大小的数据，测量脑大小的具体方法见 2.2 节。

4.2.2 冬眠期数据采集

冬眠是动物为了避开食物短缺采取的一种适应性策略，冬眠期动物的体温、代谢和其他生理活动均明显下降，以减少能量消耗(Ruf and Geiser，2015)。两栖动物冬眠是一种常见的现象，本研究组野外调查中共记录了 28 种两栖动物开始冬眠和结束冬眠时的温度，然后利用可调节温度的冰箱检测 28 种两栖动物在人工控制温度情况下开始冬眠和结束冬眠时的温度，分析自然条件下和人工控制下两栖动物开始冬眠和结束冬眠时的温度差异性，结果温度差异不显著(t=0.985，P=0.782)。由于野外很难观察大多数两栖动物的冬眠时间，因此，在收集其余 10 种两栖动物冬眠期的数据时，采用人工控制温度的方法确定了它们开始冬眠和结束冬眠时的温度，然后利用 2013～2018 年中国气象网的温度计算出所有物种冬眠期的天数。根据已发表的 21 种两栖动物冬眠期的文献资料，检验人工控制实验冬眠期和文献资料冬眠期的差异性，发现 21 种两栖动物冬眠期的差异性不显著(t=0.885，P=0.882)，因此，采用人工冰箱控制温度来计算两栖动物冬眠期长度的方法是有效的。

4.2.3 混淆变量收集

季节性栖息地明显影响动物的冬眠期(Ruf and Geiser，2015)，因此，分析过程应考虑物种地理分布的纬度(Jones et al.，2009；Heldstab et al.，2018)。研究表明：食物类型、栖息地类型、天敌压力、季节性、活动时间、繁殖投入和寿命明显影响脑大小的进化(Liao et al.，2015b，2016a；Luo et al.，2017；Yu et al.，2018；Huang et al.，2018)。然而，在本章分析冬眠期长度与脑大小的关系时，未能完整收集这些因素，因此，未考虑这些因素的影响。

4.2.4　分子系统发育树的构建

基于重组激活基因 1（*RAG1*）、视紫红质（*RHOD*）、酪氨酸酶（*TYR*）、细胞色素 b（*CYTB*）和线粒体核糖体基因大小亚基（*12S/16S*）6 个基因构建了 38 种两栖动物的分子系统进化树，构建进化树的方法见 3.2 节。

4.2.5　统计分析

在数据分析之前，对表示脑和身体大小的数值进行了对数转换，以减少正态分布的偏差，使用 R 软件中的 caper 包（Orme，2013）建立了系统发育广义最小二乘（PGLS）模型（Freckleton et al.，2002）。以冬眠期长度为反应变量，总脑和脑区域大小为预测变量，身体大小为协变量来检测脑相对大小与冬眠期长度的相关性。

4.3　结　　果

两栖动物冬眠期长度与总脑相对大小呈显著负相关（图 4-1），与身体大小呈显著正相关（表 4-1）。两栖动物冬眠期长度与嗅神经、嗅脑、端脑、中脑的相对大小的相关性不显著（表 4-1），与小脑相对大小呈显著负相关（图 4-2）。

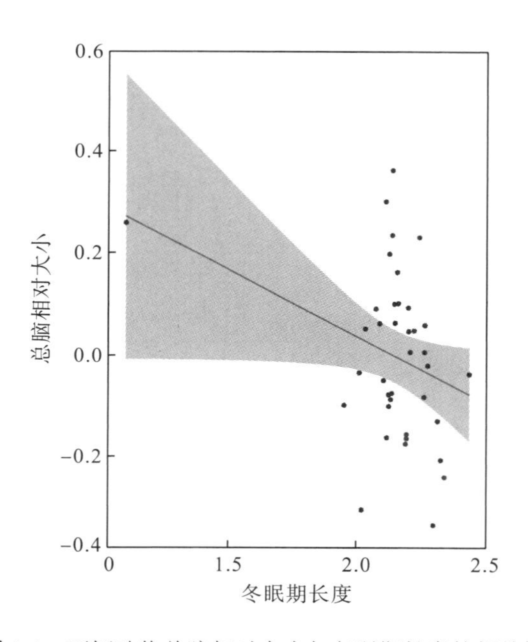

图 4-1　两栖动物总脑相对大小与冬眠期长度的相关性

表 4-1　两栖动物总脑和脑区域大小与冬眠期长度的相关性

预测变量	冬眠期长度				
	λ	β	t	R^2	P
总脑大小	$0.582^{0.001,0.006}$	−0.277	0.108	0.158	0.015
身体大小		1.448	7.886	0.640	<0.001
嗅神经	$0.081^{0.672,<0.001}$	0.393	0.933	0.024	0.357
总脑大小		1.592	5.192	0.435	<0.001
嗅脑	$0.250^{0.062,0.170}$	0.159	0.727	0.015	0.472
总脑大小		0.998	5.874	0.496	<0.001
端脑	$0.323^{0.035,<0.001}$	0.170	1.091	0.033	0.283
总脑大小		0.736	5.923	0.501	<0.001
中脑	$0.019^{0.881,<0.001}$	0.157	0.987	0.027	0.330
总脑大小		0.942	8.351	0.666	<0.001
小脑	$0^{1,<0.001}$	0.335	2.132	0.115	0.040
总脑大小		1.083	9.849	0.735	<0.001

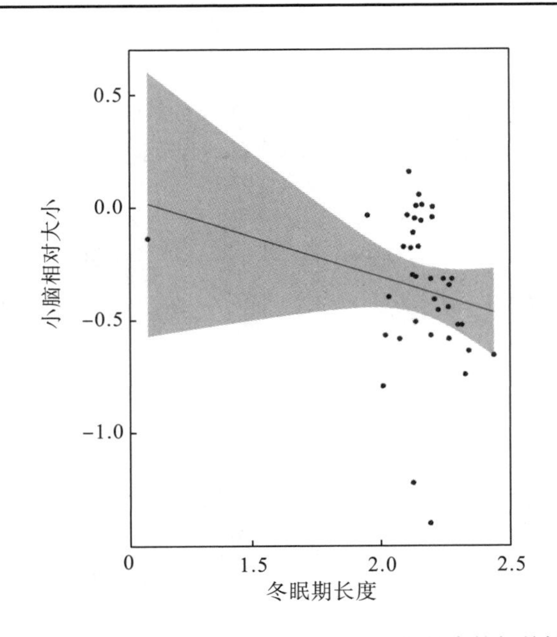

图 4-2　两栖动物小脑相对大小与冬眠期长度的相关性

4.4　讨　　论

两栖动物总脑相对大小与冬眠期长度呈显著负相关，与哺乳动物研究结果基本一致，均支持了“脑高耗能假说”。两栖动物小脑相对大小与冬眠期长度呈显著负相关，其可能与冬眠期减少能量需求导致较小的小脑进化有关。

全球各地两栖动物均有冬眠现象，两栖动物冬眠主要是为了避开不利环境下的食物短缺，在食物短缺的时期，脑通过代谢含酮体的脂肪来维持脑的能量需求（Owen et al.，1967）。事实上，哺乳动物也通过这种策略来度过季节性的食物缺乏期（Owen et al.，1967；Zhang et al.，2013）。总的来说，冬眠动物脑的代谢量低于直接摄入的能量（Sokoloff，1973；Mitchell and Fukao，2001），因此，冬眠动物只有通过大幅度降低能量消耗才能在长时间的禁食中存活下来（Ruf and Geiser，2015）。个体可能无法为较大的脑提供持续的能量需求，选择更青睐于那些全年活动并增加脑大小的物种，从而更大的脑的物种获得更多利益，例如脑容量较大的物种的取食行为更加灵活，也拥有更为多样化的食物类型（van Woerden et al.，2012，2014；Heldstab et al.，2016a；Navarrete et al.，2016）。然而，大多数冬眠物种一生中有 1/3～1/2 的时间是在冬眠中度过，它们的脑相对较小，哺乳动物冬眠期与脑大小的研究结果支持这种假设（Heldstab et al.，2018）。同样，冬眠时间较长的华西蟾蜍（*Bufo andrewsi*）种群比冬眠期短的种群有更小的总脑（Jiang et al.，2015）；在熊类物种中，休眠和低热量饮食的物种拥有更小的脑容量（Veitschegger，2017）。38 种两栖动物总脑相对大小与冬眠期的长度呈显著负相关，表明两栖动物通过冬眠期大幅度降低脑的能量消耗，从而进化出了更小的脑容量。

另一个解释回答了冬眠物种拥有更小的脑容量。长期不活动的脑细胞和组织可能导致冬眠对动物认知的负面影响，例如，欧洲地松鼠（*Spermophilus citellus*）冬眠的个体比不冬眠的个体有更低的记忆保留率，甚至部分行为需要在冬眠后的第二年春季重新学习（Millesi et al.，2001），这种记忆丧失可能与冬眠期间神经元连接的减少有关。相似的研究结果也出现在北极地松鼠（*Spermophilus parryii*）和金毛地松鼠（*S. lateralis*）身上（Popov and Bocharova，1992；Popov et al.，1992；von der Obe et al.，2006）。此外，对冬眠动物的脑电图测量表明脑活动在冬眠期几乎停止（Walker et al.，1977；Krilowicz et al.，1988；Daan et al.，1991）。冬眠对动物认知能力的负面影响可能对动物产生重要的限制作用，例如灵长类类人猿脑较大的物种依赖于学习解决一系列复杂的问题（Isler et al.，2008；Isler and van Schaik，2012）。然而，冬眠对大鼠耳蝠（*Myotis myotis*）和喜马拉雅旱獭（*Marmota himalayana*）的记忆保留影响不显著（Clemens et al.，2009；Ruczynski and Siemers，2011），其可能与这些物种太短的冬眠时间有关。两栖动物脑大小与冬眠期长度的负相关关系表明，冬眠对动物认知的负面影响限制了动物更大的脑进化，例如冬眠的泽陆蛙种群比不冬眠的泽陆蛙拥有更小的脑容量（Gu et al.，2017），由此可以推测，冬眠期可能降低两栖动物脑细胞和组织的活动。因此，将来需要开展更多类群脑大小与冬眠期关系的研究来探讨冬眠对动物认知的负面影响具有特有性还是普遍性。

除食虫类和灵长类动物以外，大多数哺乳类冬眠动物的脑大小始终小于非冬眠动物的脑大小（Heldstab et al.，2018）。总的来说，冬眠是哺乳动物一种罕见的行为，大约 8%的哺乳动物会冬眠。灵长类冬眠期失忆和无法维持脑的高能量供应将导致其更小的脑进化，而大多数脑容量大的灵长类不具有冬眠行为（Isler et al.，2008；Isler and van Schaik，2012）。因此，冬眠是灵长类应对食物短缺的一种代价较低的策略（Heldstab et al.，2016b）。食虫动物每天懒散的行为可能导致冬眠期对其脑大小的影响不显著（Ruf and Geiser，2015）。

蝙蝠可以通过冬眠或迁徙避开季节性食物的短缺，但高强度的迁徙需要持续的能量供应，并以脑大小的进化为代价。因此，迁徙蝙蝠的脑明显小于不迁徙蝙蝠的脑（McGuire and Ratcliffe，2011）。鸟类不冬眠，迁徙鸟类具有更小的脑容量可能与迁徙过程中脑的功能减少有关（Sol et al.，2005a；Vincze，2016）。两栖动物只有通过冬眠来避开季节性食物的短缺，从而表现出冬眠期长度决定脑大小的进化，冬眠期越长的物种，其脑越小。冬眠是动物应对极端环境下食物短缺的一种适应性策略，冬眠期的长度将限制不同类群脑大小的进化（van Woerden et al.，2010；Jiang et al.，2015；Weisbecker et al.，2015；Luo et al.，2017；Veitschegger，2017）。环境施加的能量限制也解释了为何昆虫、鱼类和两栖爬行类等变温动物具有更小的脑。虽然环境供给的能量能够使变温动物保持正常的代谢，但是变温动物不能为更大的脑提供稳定的能量供应。因此，当环境温度降低时，变温动物的生化反应速率和心率也随之减慢，其最终可能导致脑大小的进化。两栖动物的小脑大小与冬眠期长度呈显著负相关，其与环境中的能量限制密切相关，支持“脑高耗能假说”的预测。

4.5 小　结

(1) 两栖动物的总脑大小随冬眠期长度的增加而减小，其原因是环境季节性的能量限制促使更小的脑进化，其支持“脑高耗能假说”，这一发现为哺乳类和两栖类的相关研究提供了新的证据。

(2) 两栖动物小脑大小与冬眠期长度呈显著负相关，说明冬眠期的能量限制对小脑大小进化具有重要作用。

第5章　物种的分布范围对两栖动物脑大小进化的影响

5.1　物种的分布范围对两栖动物脑大小进化的影响研究概况

动物对环境变化的适应能力是物种进化的重要驱动力(Darwin，1871；Liao et al.，2016a)。动物通过改变其行为、生理或形态来适应新的环境(Liao et al.，2015b；Zhao et al.，2016；Lüpold et al.，2017；Mai et al.，2017a，2017b；Yang et al.，2018)。有证据表明，新奇或变化的行为的优势随着环境复杂性的增加而增加(Dukas，2004)，不可预测的环境可以增加个体的认知能力(即学习能力)，从而使个体能够应对进化的挑战，例如环境变化可增强丽鱼(*Simochromis pleurospilus*)的认知能力(Kotrschal and Taborsky，2010)。因此，认知能力的提高可以使动物能够生活在更复杂的环境中。

脑较大的动物表现出更加灵活的行为，这在不断变化的环境中是有利的(Allman et al.，1993；Deaner et al.，2003)，这一理论被称为"认知缓冲假说"(cognitive buffer hypothesis，CBH)。大多数证据表明，脊椎动物在不断变化的环境中会进化出更大的脑和脑区域(Barton，1998；Berger et al.，2001；Iwaniuk and Nelson，2001；Garamszegi et al.，2002；Sol et al.，2005b；Kotrschal et al.，2017b)，例如脑较大的物种往往在行为上也更加灵活，从而可以找到新的食物资源(Estes et al.，1998；Sol，2009)或采用新的行为模式避免新的捕食者(Berger et al.，2001；Yu et al.，2018)。此外，如果一个物种能成功地建立稳定种群，那么它们可以通过频繁的创新行为和跨越广泛地理范围的能力迅速应对新的挑战(Jerison，1973；Reader and Laland，2002；Lefebvre et al.，2004)，例如与脑相对较小的物种相比，脑更大的物种具有更高的认知潜能，可能有助于它们占据更多的生态位以及居住在更广泛的地理范围内(Pravosudov and Clayton，2002；Roth and Pravosudov，2009；Vincze et al.，2015；Vincze，2016)。因此，脑更大的物种表现出更强的开发食物资源的能力和扩散能力，从而使物种的地理分布范围更广。

与其他类群的动物相比，两栖动物脑大小进化特征在很大程度上被忽视了(Taylor et al.，1995；Gonda et al.，2010；Amiel et al.，2011)。近年来，部分研究学者探讨了种间或种内两栖动物脑大小与生态因子、季节性变化和性选择的关系(Jiang et al.，2015；Jin et al.，2015；Liao et al.，2015b；Zeng et al.，2016；Gu et al.，2017；Luo et al.，2017)，例如，捕食风险影响两栖动物嗅脑和中脑大小的进化(Liao et al.，2015b)，而性选择有助于其嗅脑的进化(Zeng et al.，2016)，同时，运动系统不影响部分两栖动物总脑大小的进化(Liao et al.，2016a)。其实，脑大小为一个模块化的组织，系统发育、基因组大小和表观遗传因素最初可能决定其形态(Roth et al.，1994；Roth and Dicke，2005)。然而，当前未见学者使用大样本的两栖动物来探讨总脑和脑区域的大小与地理分布范围大小的关系。

本章的研究目的：①为了验证动物脑大小进化是否与“认知缓冲假说”的预测一致，对 42 种两栖动物总脑和脑区域大小与物种地理分布范围大小的关系开展了研究；②检验脑越大的物种是否生活的地理分布范围越大，并探讨其机理。

5.2 材料和方法

5.2.1 数据收集

根据文献(Liao et al.，2015b)，收集了 42 个两栖物种成年雄性的脑、5 个主要脑区域(嗅神经、嗅脑、端脑、中脑和小脑)体积和身体大小的数据，脑大小的数据采集和测量在第 2 章中已经详细叙述(见 2.2 节)。在世界自然保护联盟(International Union for Conservation of Nature，IUCN)濒危物种红色名录网站(http://www.iucnredlist.org/)下载每个物种的分布数据，并结合全球定位系统和地理信息系统确定每个物种的地理分布范围，同时根据每个物种 IUCN 分布图计算出地理中心的平均纬度。

5.2.2 分子系统发育树的构建

42个两栖物种新的分子系统发育树是由三个核基因和三个线粒体基因组成的矩阵(图 5-1)，核基因包括重组激活基因 1(*RAG1*)、视紫红质(*RHOD*)和酪氨酸酶(*TYR*)，线粒体基因包括细胞色素 b(*CYTB*)和线粒体核糖体基因大小亚基(*12S*/*16S*)。在 MEGA v6.0.6 中使用 MUSCLE 函数对序列进行比对(Tamura et al.，2013)，并根据 jModelTest v2.1.7 中的赤池信息量准则为每个基因确定了最佳核苷酸模型(Darriba et al.，2012)，核糖体基因和 *TYR* 的最佳替代模型分别为 *GTR+I* 和 *RAG1*，*CYTB* 和 *RHOD* 的最佳替代模型分别为 *GTR+I* 和 *HKY+I*。

基于以上最优模型，使用 BEAUti 和 BEAST v1.8.3 构建了分子系统发育树(Drummond et al.，2012)。由于没有化石校正，因此使用不关联的替换模型(unlinked substitution)、宽松对数正态分子钟(relaxed uncorrelated lognormal clock)和 Yule 模型建立物种形成过程。设置 2000 万代马尔可夫链蒙特卡罗(Markov Chain Monte Carlo，MCMC)，每 2000 代抽一次样。首先使用 Tracer v1.6.0 检测出有效样本大小(effective sample size，ESS)大于 200，收敛效果合适。其次，使用 TreeAnnotator v 1.8.3(Drummond et al.，2012)和 10%的磨合生成一个具有枝长的系统发育树。最后，估计构建的分子系统发育树与另一项研究(Liao et al.，2018)中构建的分子系统发育树的差异性，结果发现分子系统发育树是一致的。

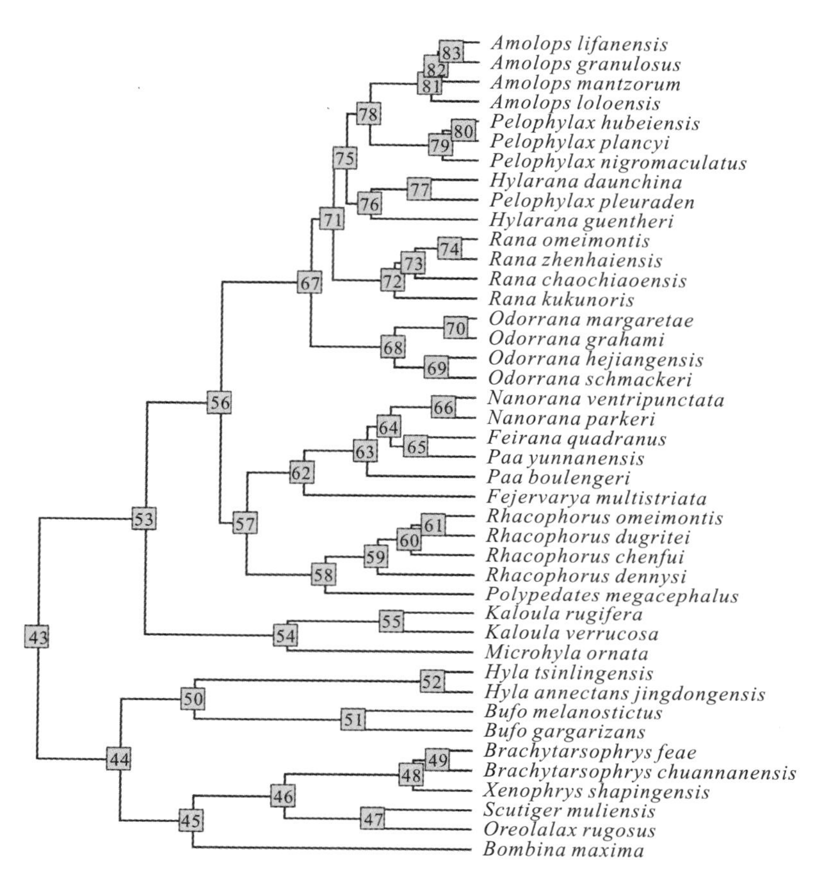

图 5-1　42 种两栖动物分子系统发育树

5.2.3　统计分析

所有数据利用 R 软件(v2.13.1)中的 APE 软件进行对数转换，使用系统发育广义最小二乘(PGLS)回归分析来检验，分析了总脑和各脑区域大小与物种地理分布范围大小的相关性(Ranade et al.，2008)。广义最小二乘回归使用最大似然法估计系统发育量度指标参数 λ，λ 估计系统发育信号对脑大小和物种分布地理范围大小关系的影响。当 $\lambda=0$ 时，系统发育信号对脑大小和物种分布地理范围大小的影响不显著；当 $\lambda=1$ 时，系统发育信号的影响显著。由于脑受到一系列选择压力的影响，使用 PGLS 模型分析总脑和脑区域大小与物种地理分布范围大小之间的关系，该模型将总脑大小作为因变量，将分布范围作为自变量，身体大小作为协变量。当分析特定的脑区域大小与物种地理分布范围大小的关系时，同样将某个脑区域大小作为因变量，将物种地理分布范围大小作为自变量，并将总脑大小作为协变量。

5.3 结　　果

PGLS 模型表明总脑大小与物种地理分布范围的相关性不显著(总脑：$\lambda=0.467^{0.007,<0.001}$，$\beta=0.040$，$t=1.573$，$P=0.124$。身体大小：$\beta=1.500$，$t=8.791$，$P<0.001$。纬度：$\beta=-0.674$，$t=-1.501$，$P=0.142$)。

在控制总脑大小影响后，物种地理分布范围与 42 个物种的嗅神经、嗅脑、端脑和中脑大小的相关性不显著(表 5-1)。然而，小脑相对大小与物种地理分布范围呈显著正相关，即小脑随着地理分布范围的增加而显著增大(图 5-2) ($\lambda<0.001^{1,<0.001}$，$\beta=0.048$，$t=2.632$，$P=0.027$)。

表 5-1　42 种两栖动物总脑和脑区域大小与物种地理分布范围的相关性

反应变量	预测变量	β	SE	t	P	λ
嗅神经	分布范围	−0.171	0.071	−2.426	0.120	$0^{1.0,<0.001}$
	纬度	−0.256	1.357	−0.188	0.852	
	总脑大小	1.623	0.254	6.390	<0.001	
嗅脑	分布范围	−0.051	0.043	−1.184	0.244	$0.353^{0.052,<0.001}$
	纬度	0.068	0.755	0.090	0.929	
	总脑大小	1.051	0.155	6.804	<0.001	
端脑	分布范围	−0.016	0.027	−0.570	0.572	$0.083^{0.494,<0.001}$
	纬度	0.260	0.508	0.512	0.612	
	总脑大小	0.770	0.097	7.910	<0.001	
中脑	分布范围	−0.006	0.028	−0.228	0.821	$0^{1.0,<0.001}$
	纬度	−0.006	0.506	−0.011	0.991	
	总脑大小	0.900	0.100	9.059	<0.001	
小脑	分布范围	0.148	0.029	2.632	0.011	$0^{1.0,<0.001}$
	纬度	−0.444	0.559	−0.795	0.432	
	总脑大小	0.773	0.105	7.378	<0.001	

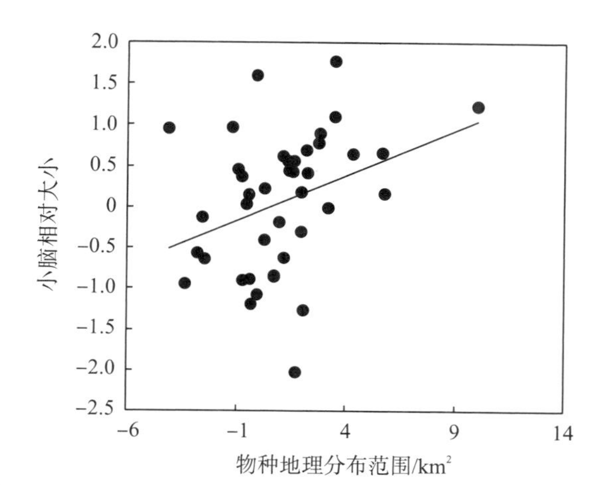

图 5-2　两栖动物小脑相对大小与物种地理分布范围的相关性

5.4　讨　　论

两栖动物物种地理分布范围与 42 个物种的总脑、嗅神经、嗅脑、端脑和中脑大小的相关性不显著，然而，小脑大小随物种地理分布范围的增加而显著增大。根据对其他动物群体的研究，讨论了脑大小进化与物种地理分布范围的相关性。

理论模型预测，较大的脑可以在不断变化的环境中处理和存储更多的信息(Barton and Harvey，2000；Yopak et al.，2010)，比较研究表明，生态因素可以解释不同物种脑大小的进化机理(Jerison，1973；Dunbar and Shultz，2007；Yopak et al.，2007；Ranade et al.，2008)。“认知缓冲假说”预测，更大的脑可以提高鸟类的存活率(Sol et al.，2007)，生活在复杂变化环境中的个体有更强的能力产生创新行为，从而提高它们的生存和适应能力(Dukas and Bernays，2000)。认知能力能提高个体在变化环境中的适应性，其可以通过加强信息收集和学习来增强，例如个体可以改变取食地点或食物类型来度过食物短缺期(Roth and Pravosudov，2009；van Woerden et al.，2012)。对鸟类的研究表明，由于它们具有解决问题的能力，脑容量较大的物种更有可能在其地理分布范围内的不同环境中生活(Sayol et al.，2016b)。与生活在较小范围内的物种相比，生活在较大地理范围内的两栖动物所处的环境更加复杂(Fei and Ye，2001)，因此，脑较大的物种有望生活在更广阔的地理范围。然而，如果在食物匮乏时期生长和维持脑的代价过高，那么环境的变化可能会限制脑的增大(van Woerden et al.，2010，2014；Jiang et al.，2015)。活动期季节性温度的变化将限制两栖动物总脑和中脑大小的进化(Luo et al.，2017)，同样冬季限制哺乳动物脑大小的进化(Heldstab et al.，2018)。两栖动物地理分布范围与脑大小的相关性不明显，其与认知能力促进脑增大和能量限制导致脑减小的影响有关。

与其他脊椎动物类群一样(Barton，1998；Berger et al.，2001；Garamszegi et al.，2002；Wu et al.，2016；Gu et al.，2017)，两栖动物脑区域大小的变化与环境变化密切相关。脑区域大小的增加是为了适应新的可利用资源(Estes et al.，1998)和反掠夺性行为(Berger et al.，2001），脑区域(如中脑)相对较大的物种和/或个体应该能够更好地应对更高程度的捕食风险，因为较大的中脑能够提供更强的认知能力和行为适应性(Striedter，2005)。有证据表明，捕食风险程度是影响两栖动物中脑大小进化的重要因素(Liao et al.，2015b)。然而，两栖动物的中脑大小与地理分布范围之间的相关性不显著，这种结果不同于鸟类研究的报道。在鸟类中，相对较大的中脑被认为可以避开天敌和发现新的食物资源(Møller and Erritzøe，2014)。两栖动物小脑大小随着地理分布范围的扩大而增大，这可能是个体为了适应新的捕食者和新的食物资源产生的一种策略。

虽然地理分布范围与两栖动物总脑大小的相关性不显著，但是与小脑大小呈显著正相关，表明两栖动物的脑大小进化支持“脑大小镶嵌进化假说”的预测，其与三刺鱼的研究结果一致(Li et al.，2017)。然而，两栖动物基因组和细胞大小影响神经元的大小，从而影响总脑和脑区域大小，如中脑和小脑的大小(Roth and Walkowiak，2015)。许多两栖动物的基因组比大多数脊椎动物的要大得多，细胞核DNA(deoxyribonucleic acid，脱氧核糖核酸)数量增加的原因目前还不清楚，但与环境因素几乎无关(Roth et al.，1994，1997)。因此，由于基因组内部的进化过程，两栖类脑形态的重要差异可能独立于特定的环境选择压力(Roth and Walkowiak，2015)。

生活在更大地理范围的两栖动物物种并没有表现出总脑的增大，但小脑大小随着物种地理分布范围的扩大而增大，其可能是因为小脑的增大使视觉信息的处理能力增强，从而避免增加的捕食风险以及更易发现新的食物资源。

5.5 小　　结

(1)“认知缓冲假说”预测脑较大的物种通过增强认知能力在不断变化的环境中提高生存率，从而表现为同一物种中生活在更大范围内的个体比生活在有限地理范围内的个体具有更大的脑。两栖动物的总脑大小与其生活的地理范围大小没有相关性，不支持“认知缓冲假说”。

(2)地理分布范围与嗅神经、嗅脑、端脑和中脑的相关性不显著，但与小脑大小呈显著正相关关系，其原因可能与个体在不稳定的环境条件下避免捕食风险和更易发现新的食物资源有关。

第 6 章　两栖动物婚配制度和求偶行为对脑大小进化的影响

6.1　两栖动物婚配制度和求偶行为对脑大小进化的影响研究概况

自然选择是大多数脊椎动物脑大小进化的主要动力(Striedter，2005)，事实上，大量的比较研究和实验研究证实了自然选择与脑大小进化之间的相互作用(Aiello and Wheeler，1995；Gonzalez-Voyer and Kolm，2010；Kotrschal et al.，2013b；Liao et al.，2015b；Sol et al.，2007；Tsuboi et al.，2015)。此外，大量类群的研究证据表明，性选择也可能影响脑大小的进化(Boogert et al.，2011；Fitzpatrick et al.，2012；Garamszegi et al.，2005b；García-Peña，2013；Gonzalez-Voyer and Kolm，2010；Kotrschal et al.，2015a；Lemaitre et al.，2009；Pitnick et al.，2006)，并提供了性选择和脑大小相关的实验性证据，其论点是更大的脑所提供的更强的认知能力可以增加动物获得配偶的机会这一基础理论(Boogert et al.，2011；Garamszegi et al.，2005a)。“认知”的广义定义为“无脊椎动物和脊椎动物通过感官获取信息、保留信息并利用信息调整行为以适应当地情况”(Kotrschal and Taborsky，2010；Shetteworth，2010)。

与性选择促使脑大小增加的观点相反，有研究认为，性选择以能量权衡为基础，限制脑大小的进化，高耗能的性器官的发育可能会限制脑发育所需的能量(Fitzpatrick et al.，2012；Gonzalez-Voyer and Kolm，2010；Pitnick et al.，2006)。然而，一些研究并没有发现性选择因素(如睾丸大小、雌雄异色)与脑大小存在相关性(Lemaitre et al.，2009；Schillaci，2006；Kotrschal et al.，2013b)。因此，性选择对脑大小进化的影响程度仍然是一个悬而未决的问题。

在性选择领域，物种的婚配制度被认为是其脑大小进化的驱动力(García-Peña，2013；Pitnick et al.，2006；Schillaci，2006)，两种截然不同的假说预测了脊椎动物婚配制度与脑大小进化的关系。“性冲突假说”认为，雌雄之间为颠覆彼此的繁殖投入所进行的持续斗争在认知上要求很高(Arnqvist and Rowe，2005)，因此，多配制物种的脑大小比单配制物种的更大(Rice and Holland，1997)。相反，“高耗能性组织假说”认为，由于与高耗能的性器官、装饰、武器的能量权衡，更强烈的性选择压力将限制脑大小进化(Garamszegi et al.，2005b；Pitnick et al.，2006)。实验性证据只能部分支持这一假说。例如，Pitnick 等(2006)发现脑大的蝙蝠的睾丸比脑小的蝙蝠更小，而 Dechmann 和

Safi (2009) 在另一组蝙蝠类群研究中并未发现这样的关系。除了总脑大小之外，婚配制度还会影响脑某些区域的大小，例如在灵长类动物中，雄性间的竞争强度与新皮质的大小呈负相关，单配制物种有更大的新皮质 (Schillaci，2008)。类似地，慈鲷类多配制物种的端脑比单配制物种的更大 (Pollen et al.，2007)。鱼类的端脑整合了更复杂的认知过程，其可能是由于长期伴侣关系的认知挑战导致的，这正是单配制物种的典型特征。然而，关于更多的慈鲷类物种的研究没有发现性选择和端脑大小存在显著性关系 (Gonzalez-Voyer and Kolm，2010)。

求偶行为在性选择中通常是至关重要的 (Andersson，1994)，求偶鸣叫和寻找配偶是求偶行为过程中两种常见的行为，它们在雌性选择配偶和雄性竞争时提供雄性繁殖状态的线索 (Duellman and Trueb，1986)。尽管物种间求偶行为的差异是通过脑不同部位的、有独立影响的不同细胞群的差异来调节的 (Balaban，1997)，但是求偶方式与总脑及脑区域大小进化之间的关系仍需探索。

本章利用 43 种两栖动物来探讨总脑和 5 个主要脑区域大小与性选择的相关性，在这些物种中，有研究确定了系统发育和生态因素影响其脑形态的变化 (Liao et al.，2015b)。因此，利用系统发育广义最小二乘 (PGLS) 回归分析研究婚配制度、求偶类型和性选择强度对总脑和脑区域大小的影响可以深入理解性选择促使脑大小进化的机理。由于两栖动物的婚配制度、生态和生活史特征存在差异性，故它们是检验脑大小与性选择关系极好的模式动物 (Byrne and Roberts，2012；Duellman and Trueb，1986)。物种间性选择强度的极端差异能够全面地验证婚配制度和求偶类型与总脑大小和脑区域 (即嗅神经、嗅脑、端脑、中脑、小脑) 大小进化的关系 (Byrne et al.，2003)。大多数无尾两栖动物用嗅神经来处理嗅觉信息，嗅神经代表一个独特的嗅觉系统 (Taylor et al.，1995)。

脊椎动物不同脑区域是镶嵌式进化还是协同进化一直存在争议，即脑区域大小是随总脑大小而增加或减小，还是特定的选择压力能独立地选择脑区域大小的进化 (Barton and Harvey，2000；Finlay et al.，2001；Gonzalez-Voyer et al.，2009a；Liao et al.，2015b；Yopak et al.，2010)。两栖动物脑大小的数据能够检测脑区域是镶嵌式进化还是协同进化，如果脑区域在性选择的作用下以镶嵌式进化，那么单个脑区域会独立进化；如果是总脑而不是单个脑区域在大小上发生变化，那么出现协同进化。对于脑大小和性选择特征之间的关系，上述两个假设给出了相反的预测。然而，单个脑区域具有多种功能，因此脑区域大小的进化很难被预测 (Striedter，2005)。嗅脑和中脑主要整合嗅觉信息和视觉信息，使人类的脑区域展现更强的嗅觉和视力能力 (Butler and Hodos，2005)。嗅觉和视觉在两栖动物择偶中都起着重要的作用 (Liao and Lu，2009，2010b)，寻找配偶的物种为了提高寻找配偶的效率，其嗅脑和中脑应该更大。同样，本章采用了相同的分析方法来探讨性选择对其他脑区域大小的影响。

本章的研究目的：①基于 43 种两栖动物的总脑和 5 个不同脑区域大小与婚配制度、求偶行为的数据来检验脑认知假设；②探讨性选择对两栖动物总脑和不同脑区域大小进化的影响来检验“性冲突假说”和“高耗能性组织假说”。

6.2　材料和方法

6.2.1　野外采样

在 2007～2013 年的繁殖季节，本研究组共收集了来自中国横断山地区 43 个无尾类物种的 200 只成年雄性个体。个体被转移到实验室后，采用双毁髓法将其处死，通过解剖获得所有个体的总脑和 5 个主要的脑区域(即嗅神经、嗅脑、端脑、中脑和小脑)，由于解剖过程中破坏了脑干结构的完整性，无法确定延脑的大小。所有标本均保存在 4%福尔马林溶液中固定，保存两周到两个月。用游标卡尺测量个体身体大小(SVL)，精确到 0.01mm；将脑和睾丸解剖出来并用电子天平称其重量，精确至 0.1mg。样本浸泡在福尔马林溶液的时间长短对脑重量和睾丸重量没有影响(Liao et al.，2015b；Zeng et al.，2016)。所有研究的物种具有不同的求偶行为、婚配制度以及可用的系统发育信息。

6.2.2　脑大小的测量

样品的解剖、数字成像和测量均由两个人完成，测量样本是用无信息的标签数字编码，其目的是减少人为误差。首先，使用 Moticam 2006 光学显微镜的 Motic Images 3.1 数码相机拍摄脑背侧、腹侧、左右侧及脑区数字图像，对于背侧和腹侧视图，要确保被拍摄的脑视图是水平的，且脑的位置是对称的，对于成对的脑区域，只测量了右半球的宽度，然后将体积估计值增加一倍即可。然后，使用 tpsDig 1.37 软件测量了数码照片中总脑和 5 个脑区域的长、宽和高，使用了一个椭球体模型，总脑和脑区域的体积为$(L\times W\times H)\pi/(6\times 1.43)$。最后，每个物种脑大小均使用平均总脑大小和平均脑区域大小，在分析之前，所有的变量都进行了底为 10 的对数转化以满足正态分布。

6.2.3　性选择参数定义

根据 Zeng 等(2014)对婚配制度的划分标准，两栖动物婚配制度可以分为：一妻多夫制，即两只或两只以上的雄性同时释放精子或在允许精子竞争发生的时间范围内连续释放精子；一夫一妻制，即在一个繁殖季节里，一只雄性和一只雌性进行抱对。两栖动物的求偶行为分为：求偶鸣叫，即雄性的肺泡发育良好，通过鸣叫来吸引配偶；寻找配偶，即雄性的声带发育不健全，通过寻找雌性来获得配偶。

6.2.4　数据分析

43 个物种的进化树是通过使用 Pyron 和 Wiens(2011)的系统发育树来重建的。为了分析总脑大小和 5 个脑区域大小与性选择三个指标(婚配制度、求偶行为和睾丸大小)的关系，使用了 R 软件包中的系统发育广义最小二乘(PGLS)回归分析。广义最小二乘回归使用最大似然法估计系统发育量度指标参数 λ，λ 估计系统发育信号对脑大小和生态因素关系的影响。当 λ=0 时，系统发育信号对脑大小和生态因素关系的影响不显著；当 λ=1 时，系统发育信号的影响显著。对研究的总脑和脑区域进行系统发育信号的检验，结果表明各个器官均具有明显的系统发育信号(总脑：λ=0.426；嗅神经：λ=0.377；嗅脑：λ=0.358；端脑：λ=0.382；中脑：λ=0.640；小脑：λ=0.310)。由于脑大小受到多种选择压力的影响，因此，在所有的分析中，总脑和脑区域大小与性选择强度的关系通过系统发育多元回归来检测，身体大小作为一个协变量是为了控制脑大小与身体大小的异速生长效应。

6.3 结　　果

PGLS 分析表明两栖动物的脑大小与身体大小呈显著正相关(β=3.65，t=5.85，P<0.001)(图 6-1)。在研究的 43 个物种中，一夫一妻制 36 种，一妻多夫制 7 种，当控制身体大小影响后，婚配制度对总脑、嗅神经、端脑、中脑和小脑大小的影响不显著(表 6-1)。然而婚配制度明显影响嗅脑的大小，一夫一妻制物种比一妻多夫制物种有更大的嗅脑(图 6-2)。

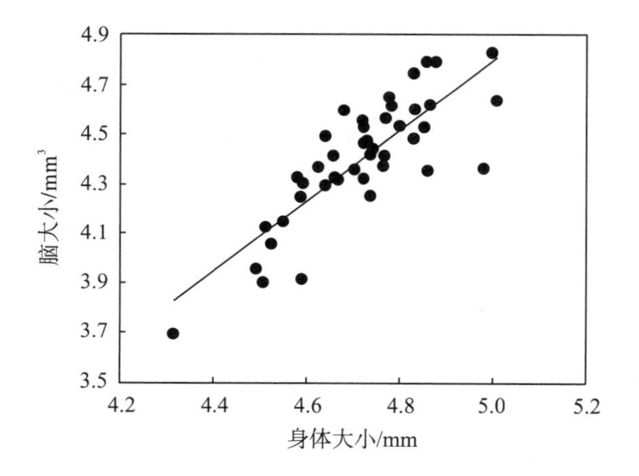

图 6-1　43 种两栖动物脑大小与身体大小的相关性

表 6-1　43 种两栖动物婚配制度和求偶行为对总脑与脑区域相对大小的影响

反应变量	β	df	预测变量	t	P
总脑	−0.01862	1,43	婚配制度	−0.1962	0.8455
	0.10510	1,43	求偶行为	1.13004	0.2655
	0.01688	1,43	睾丸大小	0.42474	0.6734
	1.53192	1,43	身体大小	6.91854	<0.0001
嗅神经	−0.48033	1,43	婚配制度	−1.79618	0.0804
	0.37597	1,43	求偶行为	1.43449	0.1596

续表

反应变量	β	df	预测变量	t	P
嗅神经	0.02934	1,43	睾丸大小	0.26207	0.7947
	3.65047	1,43	身体大小	5.85046	<0.0001
嗅脑	−0.29511	1,43	婚配制度	−2.2719	0.0288
	0.30767	1,43	求偶行为	2.41671	0.0206
	−0.00870	1,43	睾丸大小	−0.16031	0.8735
	2.40526	1,43	身体大小	7.93606	<0.0001
端脑	0.02328	1,43	婚配制度	0.21064	0.8343
	0.06391	1,43	求偶行为	0.59016	0.5586
	0.03977	1,43	睾丸大小	0.85968	0.3954
	1.40151	1,43	身体大小	5.43597	<0.0001
中脑	0.01008	1,43	婚配制度	0.01008	0.9360
	0.07946	1,43	求偶行为	0.07946	0.5190
	0.04850	1,43	睾丸大小	0.04850	0.3582
	1.30722	1,43	身体大小	1.30722	0.0001
小脑	−0.16663	1,43	婚配制度	−0.83056	0.4114
	0.16266	1,43	求偶行为	0.82727	0.4132
	−0.07015	1,43	睾丸大小	−0.83525	0.4088
	1.70718	1,43	身体大小	3.64706	0.0008

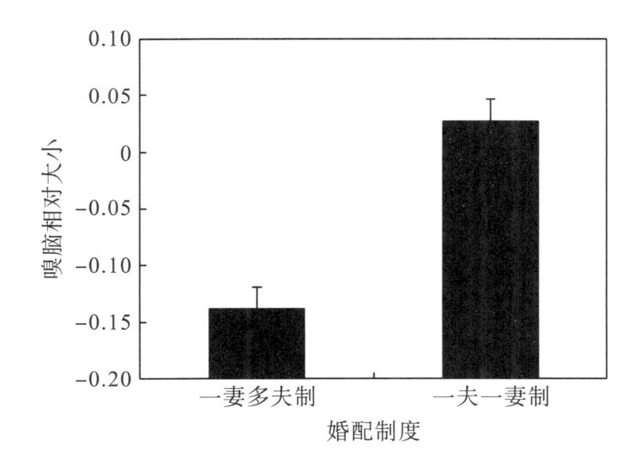

图 6-2　婚配制度对 43 种两栖动物嗅脑相对大小的影响

求偶鸣叫的物种为 16 种，寻找配偶的物种为 27 种，PGLS 分析表明求偶行为对总脑、嗅神经、端脑、中脑和小脑大小的影响不显著，但对嗅脑的大小影响显著(表 6-1)，即求偶鸣叫的物种比寻找配偶的物种展现出更大的嗅脑(图 6-3)。两栖动物睾丸大小与总脑、嗅神经、嗅脑、端脑、中脑和小脑大小的相关性不显著(表 6-1)。

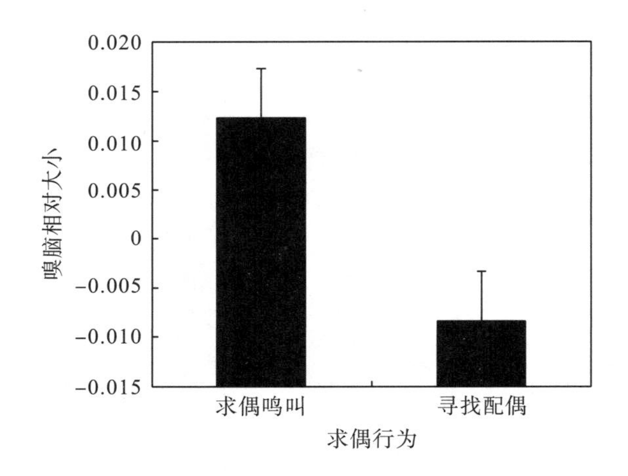

图 6-3 求偶行为对 43 种两栖动物嗅脑相对大小的影响

6.4 讨　论

性选择的三个主要特征(婚配制度、求偶行为以及睾丸大小)对 43 种两栖动物总脑大小的影响不显著，尽管这在一定程度上与预期相反，但婚配制度和求偶行为对嗅脑大小的影响明显，一夫一妻制和求偶鸣叫的物种比一妻多夫制和寻找配偶的物种有更大的嗅脑。

“社会脑假说”认为，由于大的脑可使个体更好地应对错综复杂的认知挑战，越复杂的社会个体倾向于进化更大的脑(Dunbar，1998；Dunbar and Shultz，2007)。因此，该假说可以用来预测脑大小与两栖动物婚配制度之间的相关性。通常情况下，如果一雌多雄制的两栖动物个体交流时间比单配制的物种短，那么一雌多雄制物种被期望比单配制物种有更小的脑。事实上，具有长期联系或更复杂的社会结构的鸟类面临更高的认知需求，从而拥有更大的脑(Shultz and Dunbar，2010)。然而，两栖动物脑大小与婚配制度没有明显相关性。如果这一发现是正确的，亲本育雏行为的差异性可能是导致鸟类与两栖动物不同的重要原因，具体如下：单配制的鸟类通常表现出长时间的亲本育雏行为，其可能促使后代发育更大的脑，而本章研究中的 43 种两栖动物没有育雏行为，其不会促使后代发育更大的脑。

嗅脑的大小与婚配制度密切相关，越大的嗅觉中心通常对应越强的嗅觉能力(Kotrschal et al.，1998)。两栖动物单配制的物种比一雌多雄制的物种有更大的嗅脑，这一现象是出乎意料的，但其可以通过嗅觉在两栖动物配偶选择中的重要作用来解释(Marco et al.，1998)，具体原因为：在雄性选择配偶过程中，雄性敏锐的嗅觉获得理想配偶的这一优势可以推动其嗅脑大小的进化(Verrell，1985)。另外，在配偶选择过程中，雌性嗅觉敏锐程度的选择可能驱动单配制两栖动物嗅脑的进化(Candolin，2003)，单配制的雄性两栖动物具有更大嗅球的原因可能与雄雌两性个体的脑大小在种内无法独立进化有关(Finlay et al.，2001；Kotrschal et al.，2012)。

两栖动物寻找配偶的物种比求偶鸣叫的物种具有更小的嗅脑，其与性选择对嗅球的影响的预测相反，当前尚不清楚这种结果是否与寻找配偶、求偶鸣叫以及其他未知因素有关，需要在将来继续开展相关的研究工作。

两栖动物在求偶行为过程中发出的信号通常能够暗示雄性的繁殖地位和生殖能力(Duellman and Trueb，1986)，更复杂的信号需要更强的认知能力，性选择可能会导致脑区域大小与求偶鸣叫声的复杂程度或有无求偶行为协同进化。事实上，鸣声结构越复杂的鸟类，其控制鸣声的脑区域越大(Devoogd et al.，1993)，同样，人类超大的脑的进化也有可能是由复杂的鸣声信号(艺术、幽默或音乐)驱动的(Miller，2000)。虽然两栖动物求偶鸣叫与鸟类和哺乳类复杂的求偶信号具有差异性，但它们均是总脑和脑区域大小进化的重要驱动力(Satou et al.，1981)。因此，两栖动物在获得配偶过程中是否依赖求偶鸣叫可以直接通过其脑大小来反映。虽然本章没有收集脑干大小的数据，但脑干大小的相关研究会在将来开展。

与生态因素对总脑和脑区域大小的影响相比(Liao et al.，2015b)，婚配制度的变化也会影响两栖动物脑区域大小的进化。然而，不同于生态因子对脑大小的影响，性选择似乎仅仅影响嗅脑大小的进化，生态因素和性选择对脑大小的影响结果均支持“脑大小镶嵌进化假说”，与鱼类、鸟类和哺乳类支持这一假说的情况基本一致(Gonzalez-Voyer et al.，2009a；Iwaniuk and Nelson，2001)。

“高耗能性组织假说”预测：由于交配前和交配后第二性征的能量权衡，强烈的性选择压力应该限制脑大小的进化(Pitnick et al.，2006)。两栖动物精子竞争强度与睾丸大小密切相关，睾丸越大，精子竞争强度越强(Hosken and Ward，2001)，然而，两栖动物睾丸大小与脑大小的相关性不显著，其不支持“高耗能性组织假说”的预测结果。因为两栖动物脑大小与婚配制度和求偶行为的相关性不显著，所以脑大小和睾丸大小之间缺乏相关性，因此，利用“高耗能性组织假说”来解释两栖动物脑大小进化是不成立的，将来可通过研究产卵场的控制性比和集群密度对脑大小的影响来深入探讨性选择与脑大小的进化关系。

6.5　小　　结

(1)首次利用了 43 种两栖动物研究性选择与总脑和脑区域大小的进化关系，发现婚配制度和求偶行为对总脑大小的影响不显著。

(2)婚配制度和求偶行为对嗅神经、端脑、中脑和小脑大小的影响不显著，对嗅脑大小的影响显著，一夫一妻制和求偶鸣叫的物种比一妻多夫制和寻找配偶的物种有更大的嗅脑。

(3)两栖动物睾丸大小与总脑相对大小的相关性不显著，也与嗅神经、嗅脑、端脑、中脑和小脑 5 个脑区域大小的相关性也不显著。

第7章　种群密度和控制性别对两栖动物脑大小进化的影响

7.1　种群密度和控制性别对两栖动物脑大小进化的影响研究概况

当雄性为了获得雌性而竞争时，其交配前的配偶竞争策略融入了一夫多妻制、竞争行为和竞争的持续性(Andersson，1994)。大量研究表明，动物的身体大小、武器或其他表型特征在配偶竞争中有重要作用(Emlen，2008；Buzatto et al.，2015；Lüpold et al.，2017；McDonald et al.，2017；McCullough et al.，2018)，然而对动物复杂的认知行为的适应性策略研究相对较少。

性选择对脑大小进化具有非常重要的作用(Jacobs，1996；Madden，2001；Garamszegi et al.，2005a；Lindenfors et al.，2007)，特别是配偶选择对脑大小进化的影响引起了研究者的高度关注(Boogert et al.，2011)。当选择理想配偶时，认知能力显得特别重要(Corral-López et al.，2017a；Chen et al.，2019)，例如人类进化出如此大的脑，是因为与脑相关的认知能力的增强会对异性具有吸引力(Miller，2011)，对于男性来说，相对较大的脑和更强的认知能力同样可以形成更好的择偶决定(Corral-López et al.，2018)。

根据“认知缓冲假说”的预测，个体脑越大，认知能力越强，其更容易对复杂的社会、生态挑战做出适当的行为反应(Allman，2000)。当把这个假设扩展到一夫多妻的婚配制度时，雄性通过更有效的配偶追寻方式来获得雌性，而不是在双方的竞争中击败对手(Emlen and Oring，1977；Wells，1977)。由此可知，更高的认知灵活性会带来竞争优势，例如个体可以在特定的情况下学习和记住哪些行为是最有利的，并灵活地采用最佳的行为。对于竞争行为也有类似的观点，例如当分别选择相对较大或较小的脑的雄性孔雀鱼(*Poecilia reticulata*)进行分组竞争时，脑大小并不能决定获胜者，但脑较大的雄性表现出更好的损失规避，并在比赛中更快认输(van der Bijl et al.，2018)。因此，脑大小有可能影响雌雄竞争的动态，但这在很大程度上是缺乏证据的。

如果认知能力在配偶竞争中起着重要作用，配偶竞争的强度应该与不同种群或物种脑大小之间呈显著正相关，然而，一项对鳍足类动物的比较研究发现，脑相对大小与第二性征之间存在负相关关系(Fitzpatrick et al.，2012)，这一结果似乎与假设矛盾。深入研究发现，第二性征与脑大小之间的权衡是由体重增加所驱动的，而不是由雄性脑大小减小驱动的。

尽管更大的脑有认知优势(Kotrschal et al.，2013b；Benson-Amram et al.，2016；Buechel et al.，2018；Mai and Liao，2019），但是脑单位重量的运行代价可能比骨骼肌高 8～10 倍（Mink et al.，1981），这些代价可以用来解释在性选择背景下脑大小的进化，因为第二性征的发育可能会限制脑发育的能量。事实上，脑大小和交配后的第二性征（如睾丸重）的投入呈负相关关系（Pitnick et al.，2006；Gonzalez-Voyer and Kolm，2010；Fitzpatrick et al.，2012），而与其他部分相关性不显著（Schillaci，2006；Lemaitre et al.，2009；García-Peňa et al.，2013）。脑大小如何与交配前的配偶竞争相联系还不得而知，因此，配偶竞争在脑大小进化中的作用仍然是个谜，需要进一步研究。

两栖动物是研究配偶竞争和脑大小进化之间联系的理想类群，因为有部分物种表现出类似的交配系统，但雄性配偶竞争强度差异性显著。一项比较研究表明，交配系统、睾丸相对大小或雄性获得雌性的方式对两栖动物脑大小的影响不明显（Zeng et al. 2016），但这些研究结果没有检验交配前第二性征的作用，例如雄性通过鸣叫吸引雌性和寻找雌性反映了两种不同的求偶策略，每种策略只适用于一定范围内的性选择强度，而不是衡量雄雄竞争的变化。此外，婚配制度和睾丸大小的变化均更多关注交配后性选择的程度，而非交配前雄雄竞争的程度。事实上，单雄抱对可能源于两种情况，第一种是真正的单配制，第二种是部分雄性成功地控制了雌性引起的激烈的交配前的雄性竞争。因此，与 Zeng 等（2016）使用的变量相比，繁殖场个体密度和操作性比的种间变化可能导致交配前性选择的差异性，特别是雄性间竞争的差异性。

理论预测，随着繁殖雄性的数量逐渐超过繁殖雌性的数量，雄性个体间的竞争强度增强（Emlen and Oring，1977）。此外，繁殖密度越大的种群，雄性与雌性相遇的机会就越多（Kokko and Rankin，2006），雄体配对机会相应增加，但竞争压力也相应增加（Emlen and Oring，1977；Knell，2009）。因为更频繁的雄性接触降低了雄性配偶选择的二元竞争有效性（Parker et al.，2013；Lüpold et al.，2017），雄雄竞争可能会逐渐转向争夺竞争，替代配偶获取策略，或从交配前到交配后性选择的转化，因此，繁殖密度和操作性比的变化会影响性选择的强度和形式。如果雄性的认知能力和脑相对大小在种内性选择的情况下能够带来任何适应性的利益，那么脑大小进化应该对社会环境的变化以及雄雄竞争的形式和强度做出反应。

虽然两栖动物脑大小和认知能力之间的直接联系仍有待研究，但是大量间接证据表明这种联系可能存在，例如鱼类脑大小与多方面的认知呈正相关（Kotrschal et al.，2013b，2014，2015b）。在鸟类和哺乳动物中，脑相对较大的物种表现出更高的行为灵活性和创新性（Sol et al.，2005a，2008；Lefebvre and Sol，2008；Overington et al.，2009；Sayol et al.，2016b；Deaner et al.，2007；Reader et al.，2011；Benson-Amram et al.，2016）。类似的模式也适用于两栖动物和爬行动物，即脑容量大的物种比脑容量相对较小的物种更有可能在新环境中茁壮成长（Amiel et al.，2011）。基于这些推测，可以明确地假设：两栖类脑相对大小的变化展示出部分重要的认知能力的变化。

虽然操作性比与性选择的总体强度密切相关（Emlen and Oring，1977），但是产卵种群密度和前肢肌肉质量能够代表二元竞争效应的重要性和雄性独占雌性的能力，雄雄竞争和抱对均使用前肢肌肉，其相对重量随性选择强度而变化（Buzatto et al.，2015；Lüpold et al.，2017）。因此，研究两栖动物雄性总脑和脑区域相对大小与操作性比、繁殖种群密度和前肢肌肉重量之间的关系对理解性选择促使脑大小进化的机理特别重要。

本章的研究目的：①分析 30 种两栖动物总脑和脑区域的大小与操作性比、繁殖种群密度和前肢肌肉重量的相关性；②利用 10 种两栖动物进一步探索操作性比、繁殖种群密度和前肢肌肉重量对脑大小两性异形的影响。

7.2 材料和方法

7.2.1 数据收集

共收集了 30 种两栖动物，测量每个个体的身体大小，获取脑大小的数据，平均脑大小为(5.6±4.1)mm^3(Liao et al.，2016a)。同时收集了 10 个物种雌性脑大小的数据，其目的是分析脑大小与性选择参数和两性异形的相关性。所有物种均采集于同一繁殖水塘。

除了测量总脑容量外，还测量了嗅神经、嗅脑、端脑、中脑、小脑和脑腹侧区域的体积，详细方法见 2.2 节。这些脑区域大小分别与配偶获得或生态因素相关(Zeng et al.，2016；Liao et al.，2015b)，其也可能影响雄性之间争夺配偶的激烈程度。

利用 2008～2017 年繁殖季节每个物种在 4 个池塘中的繁殖种群密度和操作性比来确定雄性间的竞争强度。简而言之，连续 3 个晚上，使用 12V 电筒在繁殖池中寻找和捕获所有成熟个体，基于第二性征来确定个体的性别及雌雄的数量。在第一个晚上用红色的线标记所有的个体，在第二个晚上用黄色的线标记，在第三个晚上统计池塘中的雌雄数量，利用 3 个晚上雌雄性的数量计算每个繁殖池物种的操作性比。为了确定繁殖池塘种群的密度，首先测量池塘的长度和宽度，因为大多数池塘近似矩形，池塘面积大小利用面积公式来计算：S=长度×宽度。产卵地种群大小是每个池塘的个体数，产卵地密度通过产卵地种群大小与池塘面积的比率获得，同时还计算了产卵池塘中雄性的密度。每个物种的操作性比是由 3 个晚上 4 个池塘的数据计算获得。对于每一个物种，计算 4 个池塘的平均群体数量大小、种群密度和操作性比。尽管有报道称，部分两栖动物的雄性不通过抱对也可以获得繁殖的机会(Vieites et al.，2004)，但这 30 种两栖动物不存在这种现象。

前肢肌肉重量可作为雄雄竞争的一个指标(Lüpold et al.，2017)，雄性利用前肢争夺领地或配偶，特别是在竞争对手试图驱逐它们来接管雌性时抱住雌性(Buzatto et al.，2015)，雄性可以独占配偶时说明其前肢肌肉比较强壮，在难以避免多雄抱对时说明其前肢肌肉相对较弱(Buzatto et al.，2015)。

7.2.2 分子系统发育树的构建

以 3 个核基因和 3 个线粒体基因重建 30 个物种的分子系统发育树(图 7-1)。核基因包括重组激活基因 1(*RAG1*)、视紫红质(*RHOD*)和酪氨酸酶(*TYR*)，线粒体基因包括细胞色素 b(*CYTB*)、线粒体核糖体基因大小亚基(*12S/16S*)。分子系统发育树构建的具体方法见 3.2 节。

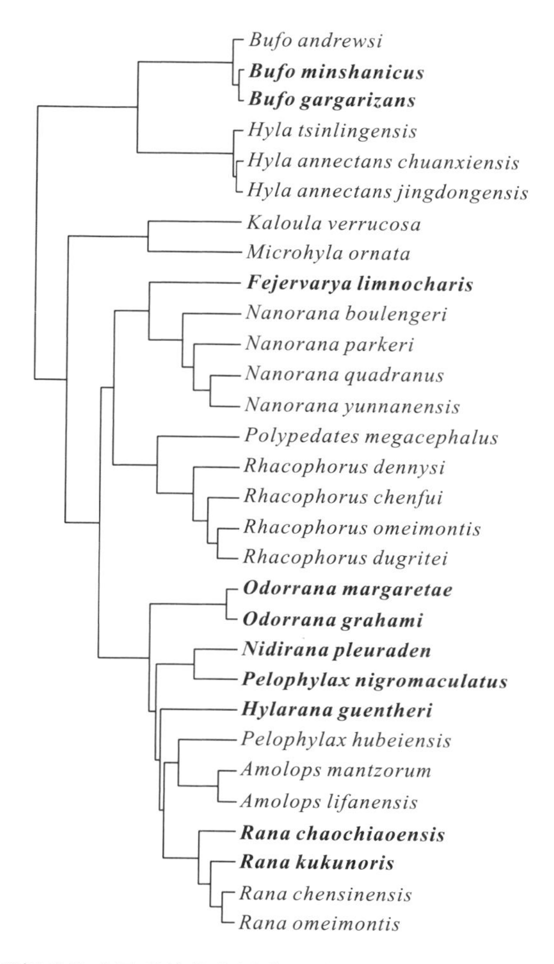

图 7-1　30 种两栖动物分子系统发育树（标黑的物种表明雌体比雄体有更大的脑）

7.2.3　数据分析

在分析过程中，除了操作性比是正态分布，对其余所有的连续变量进行了对数转换。首先，分析产卵点密度、群体大小、操作性比和前肢肌肉重量与身体大小的相关性，然后，分析它们与总脑和脑区域相对大小的相关性。为了区分性选择和其他形式选择的影响，进一步验证了这样一个假设：如果雄性间的竞争解释了脑相对大小的变化，那么当雄性间竞争加剧时，雄性的脑容量应该比雌性的增长更快。因此，设计了一个相对脑大小两性异形模型：H=(雄体脑大小/雄体体长)/(雌体脑大小/雌体体长)。当雄性的相对脑大小大于雌性时，$H>0$；当雌性的相对脑大小大于雄性时，$H<0$。

统计分析均使用 R 软件 3.6 版本，利用系统发育广义最小二乘（PGLS）模型（Freckleton et al. 2002）解释共享祖先数据的非独立性。物种样本大小可能影响物种的准确性，使用 R package nlme（Pinheiro et al.，2019）加权模型测量个体的数量。对于性别差异的分析，包括不同数量的雄性和雌性，这些权重与 varComb 函数相结合，系统发育信号参数的估计参考 3.2 节。

在检验前肢肌肉重量对脑大小的影响时，使用连续回归(Graham，2003)来避免前肢肌肉重量与身体大小之间的共线性。两栖动物功能性神经解剖学在脑的解剖中仍然有待发展，当前对脑和主要脑区域大小与产卵种群密度和操作性比的关系无人报道。因此，以各脑区域为响应变量，产卵点密度、操作性比和总脑容量作为预测变量，使用独立 PGLS 模型研究性选择强度与每个脑区域大小的相关性，通过计算总脑容量与 5 个脑区域容量总和的差值来计算腹侧脑容量。

7.3 结　　果

7.3.1 繁殖种群的特征

30 个两栖动物产卵点种群密度为 0.65～3.20 个/m^2，个体的平均值为(1.94±0.73)/m^2，每个物种 4 个采集点间的密度估计值重复率较高[R=0.67(95%CI =0.49～0.79)](图 7-2)，

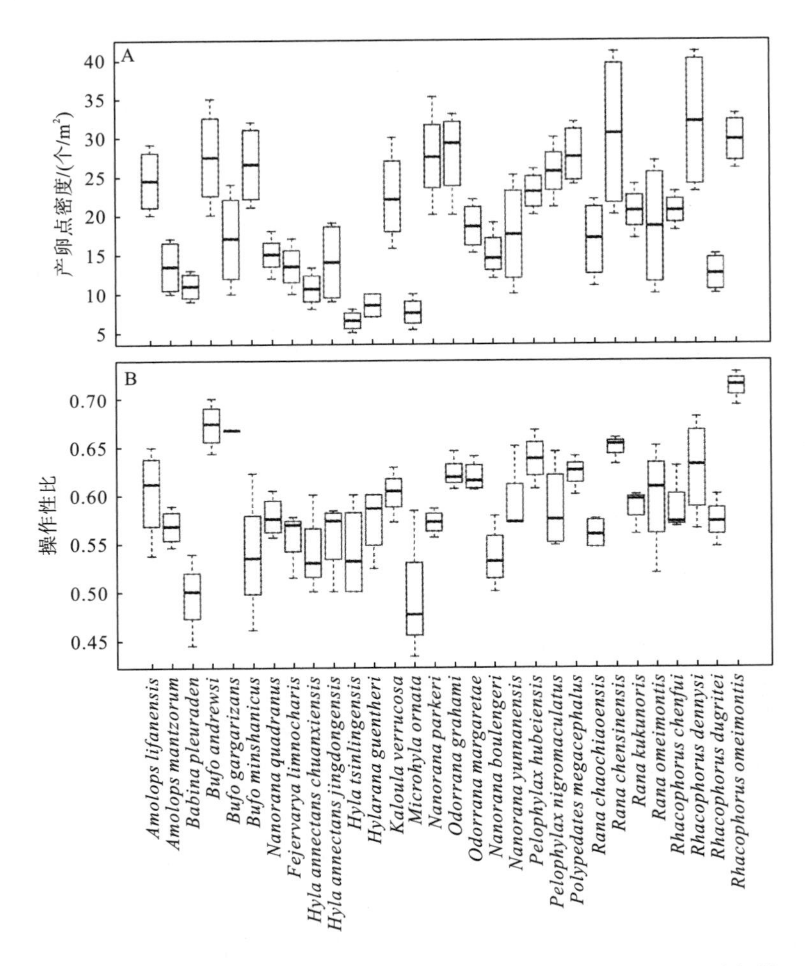

图 7-2　连续 3 晚 30 种两栖动物产卵点密度和操作性比 4 个点的重复性

操作性比范围为 0.50～0.71（均数±标准差为 0.59±0.05），种内重复性为 R=0.57（0.36～0.71）（图 7-2）。PGLS 模型揭示了操作性比随产卵点种群密度的增加而增加[N=30，r=0.66（0.40～0.79），t=4.65，P=0.0001，$\lambda<0.001^{1.00, <0.001}$]，但与种群大小相关性不显著[$N$=30，$r$=0.21（−0.16～0.51），$t$=1.14, P=0.27, $\lambda<0.001^{1.00,<0.001}$]。此外，PGLS 分析表明，在加权样本数后，雄体体长与产卵点密度相关性不显著[r=−0.03（−0.36～0.33），t =−0.11，P=0.91，$\lambda=0.90^{0.19, 0.15}$]，但趋向于与繁殖种群的大小和操作性比呈正相关[种群的大小：r=0.36（0.001～0.61），t=2.06，P=0.05，$\lambda<0.001^{1.00, 0.04}$]；操作性比：$r$=0.32（−0.05～0.58），$t$=1.79，$P$=0.08，$\lambda=0.60^{0.05, 0.55}$]。

7.3.2　雄性脑大小

当控制体长[N=30，r=0.92（0.84～0.95），t=11.73，P＜0.0001]和样本大小的影响时，雄性的总脑容量随着操作性比和产卵点密度的增加而增加[操作性比：r=0.52（0.18～0.71），t=3.11，P=0.005；产卵点密度：r=0.59（0.28～0.75），t=3.69，P=0.001，$\lambda=0.32^{0.72, 0.01}$]（图 7-3）。尽管两个变量之间存在相关性，但预测因子之间没有显著的共线性关系[方差膨胀因子（variance inflation factor，VIF）＜1.57]。总脑大小与种群大小的相关性不显著[N=30，r=0.30（−0.08～0.58），t=1.60，P=0.12]。雄性前肢肌肉重量可以衡量雄雄竞争强度（Lüpold et al.，2017），PGLS 分析表明，前肢肌肉重量与雄性脑相对大小呈显著正相关[N=30，r=0.83（0.68～0.90），t=7.70，P＜0.001]（图 7-3），身体大小与脑相对大小的相关性显著[r=0.57（−0.27～0.75），t=3.65，P=0.001，$\lambda=0.59^{0.05, 0.002}$；VIF=1.00]。

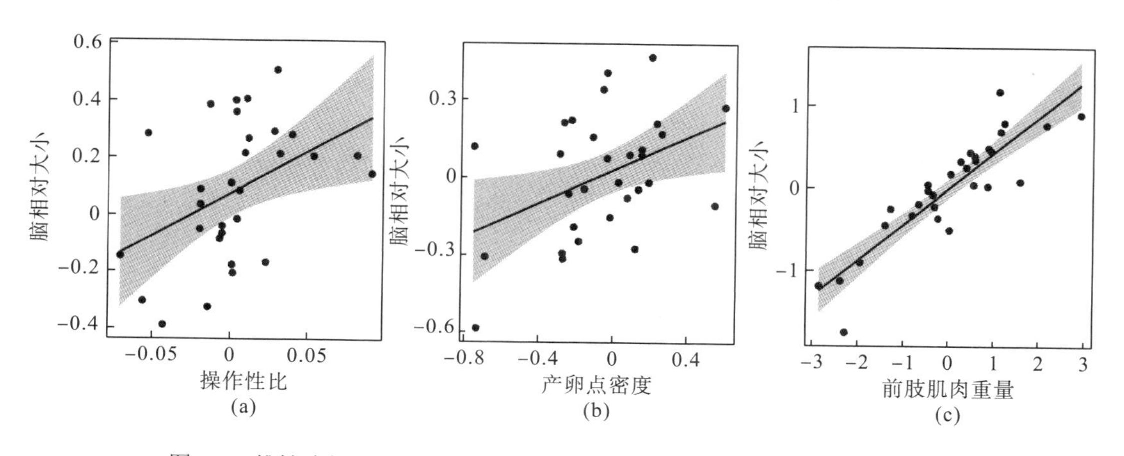

图 7-3　雄性脑相对大小与操作性比、产卵点密度和前肢肌肉重量的相关性

7.3.3　脑大小两性异形

因为性选择是雄性脑进化的一个关键驱动因素，雄性脑大小对雄雄竞争的反应是明确的证据。雄性脑大小的反应比雌性脑大小的反应更强烈，随着雄性间竞争的加剧，脑大小两性异形越来越偏向雄性。通过 PGLS 模型分析 10 个物种脑大小两性异形与产卵点密度、

操作性比、种群大小或雄性前肢肌肉重量的相关性，结果表明：操作性比与脑大小两性异形呈显著正相关[N=10, r=0.96(0.85–0.98)，t=9.55，P<0.0001，$\lambda=1.00^{0.005,\ 1.00}$](图 7-4)，而产卵点密度与脑大小两性异形相关性不显著[N=10, r=0.26(−0.40～0.70)，t=0.77，P=0.46，$\lambda<0.001^{1.00,\ 0.09}$](图 7-4)。连续回归分析表明，雄性前肢肌肉重量明显与脑大小两性异形呈正相关[r=0.78(0.24～0.91)，t=3.34，P=0.01]，但身体大小与脑大小两性异形相关性不显著[r=0.12 (−0.53～0.65)，t=0.31，P=0.77，$\lambda=1.00^{0.02,\ 1.00}$，VIF=3.94]。

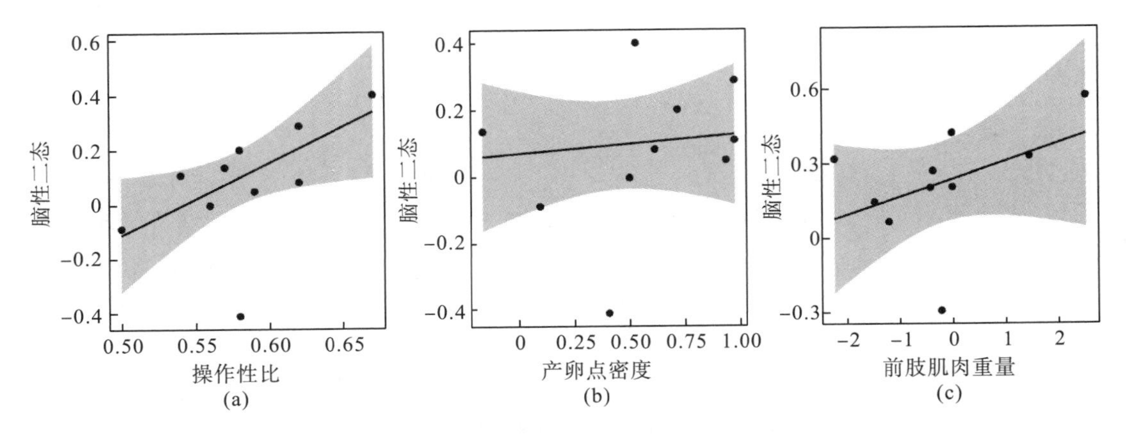

图 7-4　10 种两栖动物脑大小两性异形与操作性比、产卵点密度和前肢肌肉重量的相关性

7.3.4　脑区域的变化

当分析性选择强度与不同脑区域相对大小的相关性时发现：操作性比与嗅神经相对大小呈显著负相关[N=30, r=−0.58(−0.75～−0.27)，t=−3.66，P=0.001，$\lambda<0.0001^{1.00,\ <0.001}$]，倾向于与嗅脑相对大小呈负相关[$N$=30，$r$=−0.35(−0.61～0.03)，$t$=−1.88，$P$=0.071，$\lambda=0.21^{0.17,\ <0.001}$](表 7-1)，产卵点密度和操作性比与其他脑区域大小的相关性不显著(表 7-1)。

表 7-1　产卵点密度、操作性比对脑区域相对大小的影响

反应变量	预测变量	r	LCL, UCL	t	P	λ
嗅神经	脑大小	**−0.79**	**0.61, 0.88**	**6.63**	**<0.001**	$<0.001^{1.00,<0.001}$
	产卵点密度	−0.05	−0.40, 0.31	−0.28	0.782	
	操作性比	**−0.58**	**−0.75, −0.27**	**−3.66**	**0.001**	
嗅脑	脑大小	**0.78**	**0.58, 0.87**	**6.27**	**<0.001**	$0.21^{0.17,<0.001}$
	产卵点密度	−0.05	−0.40, 0.31	−0.27	0.786	
	操作性比	−0.35	−0.61, 0.03	−1.88	0.071	
端脑	脑大小	**0.74**	**0.51, 0.85**	**5.63**	**<0.001**	$<0.001^{1.00,0.002}$
	产卵点密度	−0.18	−0.52, 0.20	−0.96	0.347	
	操作性比	−0.26	−0.55, 0.12	−1.40	0.174	
中脑	脑大小	**0.83**	**0.69, 0.90**	**7.77**	**<0.001**	$<0.001^{1.00,<0.001}$

续表

反应变量	预测变量	r	LCL, UCL	t	P	λ
	产卵点密度	−0.23	−0.53, 0.16	−1.18	0.248	
	操作性比	−0.23	−0.53, 0.15	−1.23	0.231	
小脑	脑大小	**0.77**	**0.58, 0.86**	**6.20**	**<0.001**	$<0.001^{1.00,<0.001}$
	产卵点密度	0.06	−0.31, 0.40	0.28	0.781	
	操作性比	−0.12	−0.45, 0.26	−0.59	0.557	
腹侧脑区域	脑大小	**0.89**	**0.78, 0.93**	**9.77**	**<0.001**	$<0.001^{1.00,<0.001}$
	产卵点密度	0.20	−0.19, 0.51	1.01	0.320	
	操作性比	0.27	−0.12, 0.55	1.40	0.172	

注：标黑表明二者具有显著相关性。

7.4　讨　论

两栖动物雄性竞争对脑大小进化的研究表明：产卵点密度越大、操作性比越偏雄性，雄性脑大小相对越大。雄性脑大小与前肢肌肉重量呈显著正相关，因为前肢肌肉重量可以作为雄雄竞争的一种指标(Buzatto et al.，2015；Lüpold et al.，2017)，因此，虽然高耗能器官与睾丸大小呈进化权衡关系，但高耗能器官似乎没有阻碍更大的脑进化(Lüpold et al.，2017)。雄性脑大小对雄雄竞争的反应比雌性更强烈，表明雄性为了获得雌性而竞争，进化更大的脑是有益的。接下来深入讨论认知能力在雄性配偶竞争中的重要作用。

在认知能力和雄性配偶竞争的联系论证中，相对较大的脑与较强的认知能力密切相关，这种关系已被大多数其他脊椎动物类群的比较研究证实(MacLean et al.，2014；Benson-Amram et al.，2016；Roderick et al.，1973；Buechel et al.，2018)。然而，脑与认知能力的关系在两栖类中没有直接的证据，但可以推断这种关系应该在两栖动物中存在，因为脑容量较大的两栖动物活得更久(Yu et al.，2018)，且更善于适应新环境(Amiel et al.，2011)。

产卵点密度和操作性比与雄性脑的相对大小呈显著正相关，随着密度的增加，雄性会遇到较多的雄性，从而增强了交配的竞争强度(Kokko and Rankin，2006)。更密集的群体表现出更多的偏雄性操作性比，表明最高水平的雄性配偶竞争出现在交配群体最密集的物种间，它们也是雄性中脑最大的物种。雄性脑相对大小随着前肢肌肉重量的增加而增加，表明雄性间的竞争和雌性选择配偶的重要性有助于两栖动物脑大小的进化。然而，目前还不清楚脑与前肢肌肉重量之间是否存在直接的功能联系，以及雄性之间的竞争是否分别选择脑相对大小和前肢肌肉重量的增加。

如果两栖动物相对较大的脑能提供更强的认知能力，那么更强的认知能力可能会在雄雄竞争中更有益。动物竞争理论模型(Enquist and Leimar，1983；Payne and Pagel，1996)和最近的实验证据(van der Bijl et al.，2018)表明，更大的脑可以更快地评估竞争的结果。因此，脑大的物种可以通过在看似不可能获胜的情况下提前认输，在竞争中间接受益，从而为接下来的竞争节省能量或减少潜在的损害。脑大的物种能在产卵群体中更好地定位或选择更灵活的行为策略，这取决于附近雄性的体力和/或竞争策略。将来检验脑大小和认知能力在配偶竞争中的作用需要结合实验室对雄性认知能力的测试和野外雄性竞争、雌性排卵位置的行为。

由于特定的脑区域协调认知的差异性（Nieuwenhuys et al.，1998），脑区域相对大小的差异表明，具体的认知能力在雄性配偶竞争中受到了强烈的选择。两栖动物 5 个脑区域大小与雄性竞争强度的关系表明，操作性比对嗅神经的相对大小有负面影响，对嗅脑大小的影响也有这样的趋势，但其余脑区域大小和雄性竞争指数的相关性不显著。研究表明，嗅脑大小与婚配制度和求偶行为的相关性显著（Zeng et al.，2016），具体来说，单配制物种比一雌多雄的物种有更大的嗅脑，同样，雄性通过鸣叫吸引雌性的物种比积极寻找雌性的物种有更大的嗅脑（Zeng et al.，2016）。单雄抱对和鸣叫吸引雌性更可能出现在不拥挤和更少雄性的情况下，两栖动物嗅脑与操作性比的关系在很大程度上证实了 Zeng 等（2016）的发现。虽然嗅觉能够预测雄性配偶竞争作为普遍结论还为时过早，但是雄性细趾蟾（*Leptodactylus fallax*）间通过打斗，其皮肤可以分泌肽来抵抗竞争对手，而对雌性没有影响（King et al .，2005）。因此，化学信号可能有助于雄雄竞争，将来需要探索脑区域大小与化学信号的关系。

“社会脑假说”将脊椎动物的社会群体大小和脑大小联系在一起（Dunbar，1998），并提出更大的脑有助于保持与更多群体成员复杂的社会交流的假设（Fischer et al.，2015；Farris，2016；Roberts and Roberts，2016；Whiten and van de Waal，2017；Fox et al.，2017）。然而，除了部分灵长类（Dunbar，1992；Barton，1996）和有蹄类（Shultz and Dunbar，2006），社会群体的大小似乎与脑大小进化没有普遍联系（Emery et al.，2007；Shultz and Dunbar，2007；West，2014）。表面上看，因为群体大小与脑相对大小的相关性不显著，两栖动物脑大小进化的研究不支持“社会脑假说”。然而，如果雄性被限制在繁殖领域内，且社会交往仅限于附近的个体，那么更高的种群密度可能会增加领域范围内雄性个体的数量，从而为“社会脑假说”提供部分支持。

捕食压力是否能在两栖动物产卵聚集中调节脑大小的进化呢？通过集群行为（Hamilton，1971）来防止捕食可以解释动物为什么会聚集。捕食压力可以促使脑大小的进化（Møller and Erritzøe，2014；Kotrschal et al.，2015a、b、c，2017a、b），更密的聚集群体意味着有更高的捕食压力，其与相对较大的脑容量有关（Kondoh，2010；Kotrschal et al.，2017a）。对雌性特异性捕食可能会导致偏雄性的操作性比，这可能是对本章研究结果的另一种解释。研究两栖动物雌雄存活率的差异性通常会发现雄性比雌性动物更容易被捕食者发现（Wood et al.，1998），其原因是雄性求偶鸣叫容易吸引天敌的注意。然而，雄性和雌性峨眉树蛙（*Rhacophorus omeimontis*）有相似的被捕食率（Liao，2009）。

生活史和季节性变化能够解释两栖动物脑相对大小的变化（Luo et al.，2017；Yu et al.，2018），理解产卵点密度和操作性比是否为生活史或季节性变化的结果非常重要。生活史特征的确能促使产卵点密度的变化（Cai et al.，2019a）。然而，生活史特征和季节性变化对两栖动物脑相对大小均无直接影响，相反，它们是由产卵点密度或操作性比来调节的。如果生活史和繁殖生态学分别影响雄性脑大小的进化，那么它们可能塑造了产卵点个体的密度和社会结构，这些与雄雄竞争相关的种群参数可能是两栖类脑大小进化的主要驱动因素。然而，在对这些特征得出最终结论之前，需要运用更多的数据和更可靠的方法深入调查它们的相关性。

综上所述，两栖动物产卵聚集越偏雄和越密，其相对脑容量越大，其原因是强烈的雄性配偶竞争能够增强个体的认知能力。与雌性脑大小相比，雄性脑大小对交配前的性选择反应更加强烈，其进一步支持脑大小与产卵聚集相关性的解释。两栖动物性选择在脑大小进化过程中提供了一个新的研究方向，即化学交流可能在雄性争夺配偶的过程中有重要作用。通过实验探索脑大小与认知能力之间的联系可以更加深入理解脑大小进化及其社会驱动力。

7.5　小　　结

(1) 本章利用 30 种两栖动物研究雄性脑相对大小和性选择强度的进化关系，发现操作性比、产卵点密度和雄性前肢肌肉重量与脑相对大小呈显著正相关。

(2) 雄性操作性比与雄性前肢肌肉重量的关系比雌性操作性比与雌性前肢肌肉重量的关系更明显。

(3) 操作性比与嗅神经大小呈显著负相关，倾向于与嗅脑大小呈负相关，操作性比和产卵点密度与端脑、中脑和小脑大小的相关性不显著。

第8章　两栖动物脑大小与生活史特征的进化关系

8.1　两栖动物脑大小与生活史特征的进化关系研究概况

物种间脑大小的差异极大(Jerison，1973)，这种差异性引起了进化生物学家的高度关注(Mace et al.，1980；Allman et al.，1993；Deaner et al.，2003；Isler and van Schaik，2009；Kotrschal et al.，2013a，2017a；Powell et al.，2017)。研究表明，脑大小的进化涉及认知和能量限制的权衡，即拥有更大的脑所带来的认知好处和增加脑大小投入所带来的能量限制。许多研究都证明了认知能力与脑的绝对大小和脑的相对大小都呈显著正相关，例如鸟类和灵长类的脑相对大小与使用工具密切相关(Lefebvre et al.，2002；Reader and Laland，2002)，食肉猫科动物的脑大小与解决问题的水平呈正相关(Benson-Amram et al.，2016)，鸟类和哺乳类的脑大小与自我控制程度呈正相关(MacLean et al.，2014)。在人工选择实验条件下，动物的脑大小与认知能力密切相关，例如脑更大的小鼠倾向于具有更强的辨别和学习能力(Wimer and Prater，1966)，脑更大的孔雀鱼倾向于拥有更强的计数能力、空间记忆能力、反向学习能力、回避捕食者能力以及选择配偶的能力(Kotrschal et al.，2013b，2015a、b；Corral-López et al.，2017a；Buechel et al.，2018)。“认知缓冲假说”(cognitive buffer hypothesis)认为，越大的脑和越强的认知能力能够使物种在新奇或复杂的环境变化中越容易生存和适应。因此，“认知缓冲假说”表明脑容量越大的动物越容易在行为上克服不断变化的环境所带来的挑战(Allman et al.，1993；Sol，2009；González-Lagos et al.，2010；Vincze，2016；Sayol et al.，2016b)。事实上，脑容量大的鸟类和哺乳动物在新环境中生存得更好(Sol et al.，2005b，2008)，这恰好支持了哺乳动物和鸟类脑大小与寿命呈正相关的假说(Allman et al.，1993；González-Lagos et al.，2010；Sol et al.，2007，2016)。但是，脑大小和寿命之间的进化关系是否也适用于其他变温脊椎动物类群还有待验证。

认知上的优势需要付出代价，具体来说，脑的新陈代谢是高耗能的，因为脑组织每单位体重消耗的能量比大多数其他身体组织要多(Mink et al.，1981)。脑大小和其他高耗能器官的负相关关系已经在脊椎动物类群中有报道，例如鸟类、鱼类和两栖类的脑大小与肠长度呈显著负相关(Isler and van Schaik，2009；Tsuboi et al.，2015；Liao et al.，2016a)。同样，鱼类和哺乳动物脑大小与脂肪储存的负相关关系明显(Tsuboi et al.，2016；Pontzer et al.，2016)。Pitnick 等(2006)发现蝙蝠的脑大小与睾丸大小呈显著负相关。这些负相关通常被理解为高耗能器官的进化权衡，并被用作“脑高耗能假说”的证据(Aiello and Wheeler，

1995)。此外，人工选择孔雀鱼进行脑大小的研究表明，脑大小与繁殖能力、肠道长度和免疫功能之间存在明显的负相关关系(Kotrschal et al.，2013a，2016)。与脑容量小的个体相比，人工选择脑容量大的孔雀鱼在幼年生长速度较慢(Kotrschal et al.，2015a、b)，其与“发育代价假说”一致(Street et al.，2017)。

迄今为止，绝大多数研究探讨了哺乳动物和鸟类脑大小和寿命的相关性(Allman et al.，1993；Sol et al.，2007，2016)，而变温脊椎动物的寿命和脑大小之间的关系几乎无相关报道。因为中枢神经系统代谢耗氧量的差异性，变温动物维持脑组织的成本要比恒温动物高(Tsuboi et al.，2015；Liao et al.，2016a)。虽然变温动物和恒温动物的脑均是高耗能组织(Mink et al.，1981)，但变温动物的整体代谢率要比恒温动物的整体代谢率低 10 倍(White et al.，2006)。此外，变温动物脑的新陈代谢对环境温度的反应不如身体新陈代谢敏感。事实上，鱼类和两栖动物的脑大小和肠道长度存在能量权衡(Kotrschal et al.，2013a；Tsuboi et al.，2015；Liao et al.，2016a)。如果支持“发育代价假说”的预测，变温动物脑组织产生和维持的成本相对较高，这可能会促进脑大小和寿命之间呈显著正相关；如果“发育代价假说”在变温动物中没有得到验证，那么不能确定脑大小和寿命之间的重要关系是否是恒温和变温脊椎动物的共同特征。

比较研究已经确定了生态因素和性选择强度能促使脑大小的进化(Liao et al.，2015b；Wu et al.，2016；Zeng et al.，2016；Mai et al.，2017a)，但是脑大小和寿命之间的关系仍是未知的，因此，本章结合骨龄学和系统发育学对 40 种两栖动物脑大小与寿命之间的关系进行系统研究。与恒温动物相似，脑容量大的两栖动物寿命长，然而，如部分学者提出的假设那样(Isler and van Schaik，2009；Navarrete et al.，2011；Tsuboi et al.，2015；Liao et al.，2016a)，变温脊椎动物的脑组织特别耗能，这是否有可能改变寿命与脑大小的关系呢？根据“认知缓冲假说”，这种情况应该不会出现，因为高耗能的脑将需要更大的认知优势来补偿，因此，脑容量大的两栖动物寿命也应该更长。如果“发育代价假说”适用于两栖动物，脑大小和寿命之间的联系应该更强，因为相对较高的脑组织产生和维持成本会导致相对较慢的发育，从而导致较慢的生活史进化。

本章的研究目的：①基于 40 种两栖动物的总脑和 5 个脑区域大小与寿命的数据来检验“认知缓冲假说”和“发育代价假说”；②检验脑大小与生活史参数(性成熟年龄、卵大小、睾丸大小和精子长度)的相关性。

8.2　材料和方法

8.2.1　样品采集

数据来源于相关文献中 37 种两栖动物总脑和脑区域大小的数据(Liao et al.，2015b)，以及 2017 年在米仓山自然保护区采集的 3 个物种的数据。捕获雄性个体带回实验室，用单毁髓法将其处死，然后保存于 4%磷酸盐缓冲的福尔马林溶液中固定。保存两个月后，用游标卡尺测量其身体大小，同时解剖每个个体的脑，用电子天平称重量，精确至 0.1mg。

两栖动物不同脑区域对认知的功能意义仍需探索，为了避免不同脑区域功能的交互影响，本章只选择了嗅神经、嗅脑、端脑、中脑和小脑 5 个部分进行分析，脑区域的确定参考 2.2 节。

8.2.2 脑大小的测量

总脑和脑区域大小的测量方法见 2.2 节，所有两栖动物总脑和脑区域大小测量均有明显的重复性(P>0.2)。

8.2.3 年龄测定

两栖动物所有个体的年龄通过骨龄学方法来确定，该方法是根据两栖动物冬眠期间指骨形成的生长停滞线(line of arrested growth，LAGs)的数量来计算的(Castanet and Smirina，1990)。基于已发表的文献，共收集了 20 个物种的性成熟年龄和寿命，对于其他 20 个物种，使用骨龄学方法来估计其性成熟年龄和寿命，每个物种切片的样本数超过 25 个。每个物种的所有个体都在繁殖季节从单一种群中收集而来，根据第二性征确认性别和成熟状况，以种群年龄最小的个体的年龄作为该物种的性成熟年龄，以年龄最大的个体的年龄作为寿命。骨龄学的具体方法如下：收集每个个体的脚趾，首先用自来水冲洗 2h，再用 5%的硝酸脱钙 48h；之后，用自来水冲洗 12h，并用欧利希氏苏木精染色 75min；然后将这些染色的趾骨脱水，并将其嵌入石蜡块中。利用石蜡切片机对趾骨切片，选择趾骨中最小的髓腔和最厚的皮质骨的横截面(约 13μm 厚)，将其铺在载玻片上，用光学显微镜记录骨干中段生长停滞线的数量(Liao and Lu，2010a)。根据野外 4 只被标记和重捕获的个体来确定脚趾生长停滞线的数量是否与实际年龄一致。在部分两栖动物物种中，骨内膜对生长停滞线的吸收可能导致生长停滞线的缺失，为了评估年龄的准确性，将 1 龄个体最小横截面直径与成体重吸收线的直径进行比较，从而避免潜在的生长停滞线的遗漏影响评估结果。此外，因为双重线和假线与真正的生长停滞线容易区分，因此双重线和假线对年龄估计没有负面影响。

采集的个体不能完全反映自然种群的性成熟年龄和寿命，因此，物种寿命确定相对比较保守，然而，每个物种测量的个体数量较多，所以评估结果可用于比较分析。随着抽样个体数量的增加，抽样特别老的个体的可能性相应增加，每个物种的样本量为 20～141 只(平均 38 只)，抽样结果不会影响分析结果。

8.2.4 分子系统发育树的构建

分子系统发育树的构建基于 3 个核基因和 3 个线粒体基因，重建 40 个物种分子系统发育树的目的是解释共同祖先的影响。系统发育树的构建和使用的模型见 3.2 节，新构建的分子系统发育树如图 8-1 所示。

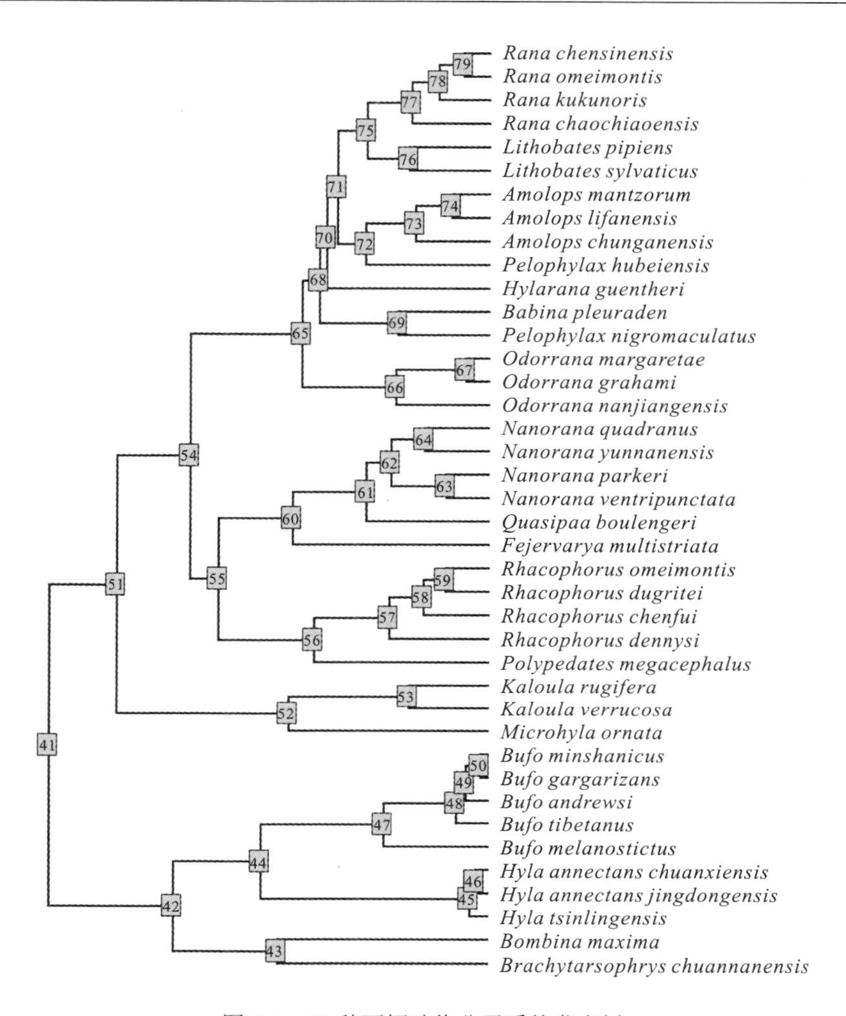

图 8-1　40 种两栖动物分子系统发育树

8.2.5　相关变量

部分相关变量可能随着寿命、总脑和脑区域大小而变化，比较分析中变量间存在相关性，因此，调查相关变量与脑大小和寿命的关系非常重要。生活史参数的共线性在物种间很常见(Harvey and Clutton-Brock，1985；Promislow and Harvey，1990；Bielby et al.，2007)，因此，提取了与寿命相关的生活史参数，包括性成熟年龄、卵大小、精子长度和睾丸大小(Fei et al.，2010；Liao et al.，2013，2018)。寿命也会受到地理位置的影响，例如纬度是预测鸟类寿命的重要指标，因此，整个分析包括了每个物种采集点的纬度。

8.2.6　数据分析

利用 R 软件的 caper 包实现的系统发育广义最小二乘(PGLS)模型和重建的系统发育模型来解释模型残差的系统发育结构，最大似然法估计系统发育尺度参数 λ 的细节参考

3.2 节。在分析过程中，首先，使用 PGLS 模型来分析寿命、身体大小和亲代投入之间的关系，该模型将寿命作为反应变量，将身体大小或亲代投入变量作为独立变量；接着使用 PGLS 模型进一步分析寿命和性成熟年龄之间的关系。为了研究脑大小和寿命之间的关系，将寿命作为反应变量，脑大小作为预测变量，身体大小、性成熟年龄、纬度作为协变量。最后，将脑区域大小作为预测变量，寿命作为反应变量，性成熟年龄、纬度和 5 个脑区域的总大小作为协变量来研究脑区域大小与寿命的相关性。

总脑和脑区域大小与寿命可能直接相关，它们也可以通过增加繁殖投入或延长性成熟年龄而间接地相互联系，因此，路径分析可以寻找脑大小、性成熟年龄与寿命之间的联系。路径分析使用 R 软件 phylopath 包（van der Bijl，2017）中的 PGLS 方法检查每个模型的独立性，基于 C 检验信息准则（C-statistic information criterion，CICc）对所有候选模型进行排序，并对模型中 ΔCICc≤2 的模型取平均值（von Hardenberg and Gonzalez-Voyer，2013）。

8.3 结　　果

8.3.1 寿命与生活史的关系

40 种两栖动物寿命为 4～10 岁，平均为 5.5 岁，身体大小可以解释寿命的变化，因为体型较大的两栖动物寿命更长（表 8-1）。繁殖投入（卵大小和睾丸大小）与寿命呈显著正相关（表 8-2），而精子长度与寿命相关性不显著（表 8-2），寿命与性成熟年龄密切相关（表 8-3、表 8-4）。

表 8-1　40 种两栖动物寿命与脑相对大小、性成熟年龄、身体大小和纬度的相关性

预测变量	寿命				
	λ	β	t	R^2	P
脑相对大小	$<0.001^{1,<0.001}$	**0.2728**	**4.8948**	0.4064	**<0.0001**
性成熟年龄		0.1402	1.7439	0.5246	0.0900
身体大小		**0.4146**	**6.2148**	0.0800	**<0.0001**
纬度		0.3962	1.5968	0.0679	0.1193

表 8-2　40 种两栖动物寿命与繁殖投入和身体大小的相关性

预测变量	寿命				
	N	λ	β	t	P
卵大小	39	$<0.001^{1,<0.001}$	**0.3183**	**3.3884**	**0.0017**
精子长度	35	$<0.001^{1,<0.001}$	0.1325	1.3718	0.1794
睾丸大小	35	$<0.001^{1,<0.001}$	**0.0735**	**2.4334**	**0.0205**
身体大小	40	$<0.001^{1,<0.001}$	**0.3295**	**2.5397**	**0.0153**

表 8-3　性成熟年龄或亲体投入与两栖动物脑大小与寿命之间相关性的联系

模型	k	q	C	p	CICc	ΔCICc	W_i
m18	8	13	19.1514	0.2609	62.4847	0.0000	0.5951
m19	8	13	20.9732	0.1795	64.3065	1.8218	0.2393
m20	7	14	17.1864	0.2464	66.1864	3.7017	0.0935
m17	9	12	30.7930	0.0304	68.9749	6.4901	0.0232
m6	9	12	30.8452	0.0300	69.0270	6.5423	0.0226
m7	9	12	32.6670	0.0183	70.8488	8.3641	0.0091
m22	8	13	27.8721	0.0327	71.2054	8.7207	0.0076
m8	8	13	28.8802	0.0248	72.2135	9.7288	0.0046
m23	8	13	29.6939	0.0197	73.0272	10.5425	0.0031
m24	7	14	25.9071	0.0266	74.9071	12.4224	0.0012
m2	10	11	42.4868	0.0024	75.9651	13.4804	0.0007
m5	8	13	39.6566	0.0009	82.9899	20.5052	0.0000
m14	10	11	58.6398	0.0000	92.1180	29.6333	0.0000
m16	9	12	55.3537	0.0000	93.5355	31.0508	0.0000
m15	10	11	61.9069	0.0000	95.3852	32.9004	0.0000
m25	9	12	59.2282	0.0000	97.4101	34.9253	0.0000
m1	10	11	65.7980	0.0000	99.2763	36.7915	0.0000
m4	9	12	63.6364	0.0000	101.8183	39.3335	0.0000
m21	10	11	68.3541	0.0000	101.8324	39.3476	0.0000
m3	10	11	70.6515	0.0000	104.1298	41.6451	0.0000
m13	10	11	76.8342	0.0000	110.3125	47.8278	0.0000
m10	9	12	85.4793	0.0000	123.6611	61.1763	0.0000
m11	9	12	87.1870	0.0000	125.3688	62.8841	0.0000
m12	8	13	82.4385	0.0000	125.7718	63.2871	0.0000
m9	10	11	108.0844	0.0000	141.5627	79.0779	0.0000

注：k 表示独立权数；q 表示参数个数；C 表示费舍尔 C 检验；CICc 表示 C 检验信息准则；ΔCICc 表示 C 检验信息准则与最佳模型的差异；W_i 表示 C 检验信息准则的权重。

表 8-4　两栖动物脑区域相对大小与平均寿命的相关性

反应变量	λ	预测变量	β	t	R^2	P
平均寿命	$<0.001^{1,<0.001}$	脑相对大小	0.2932	5.2255	0.4382	<0.0001
		性成熟年龄	0.2186	2.7015	0.5161	0.0106
		脑腹侧区相对大小	0.4104	6.1102	0.1726	<0.0001
		纬度	0.5111	2.0464	0.1069	0.0483
	$<0.001^{1,<0.001}$	嗅神经相对大小	−0.0060	−0.1762	0.0009	0.8612
		性成熟年龄	0.1669	5.2772	0.5402	<0.0001

续表

反应变量	λ	预测变量	β	t	R^2	P
平均寿命	$<0.001^{1,<0.001}$	脑腹侧区相对大小	0.4260	6.4155	0.4432	<0.0001
		纬度	0.2572	0.9483	0.0251	0.3495
	$<0.001^{1,<0.001}$	嗅脑相对大小	0.0844	2.1363	0.1153	0.0397
		性成熟年龄	0.1572	5.2310	0.5681	<0.0001
		脑腹侧区相对大小	0.4211	6.7847	0.4389	<0.0001
		纬度	0.5719	2.0018	0.1027	0.0531
	$<0.001^{1,<0.001}$	端脑相对大小	0.1015	1.4730	0.0584	0.1497
		性成熟年龄	0.1711	5.5728	0.4868	<0.0001
		脑腹侧区相对大小	0.3913	5.7615	0.4702	<0.0001
		纬度	0.4506	1.5777	0.0664	0.1236
	$<0.001^{1,<0.001}$	中脑相对大小	0.0220	0.3837	0.0042	0.7035
		性成熟年龄	0.1623	4.7497	0.5439	<0.0001
		脑腹侧区相对大小	0.4258	6.4612	0.3919	<0.0001
		纬度	0.2716	1.0177	0.0287	0.3158
	$<0.001^{1,<0.001}$	小脑相对大小	0.0083	0.1719	0.0008	0.8645
		性成熟年龄	0.1640	4.4171	0.5400	0.0001
		脑腹侧区相对大小	0.4261	6.4088	0.3580	<0.0001
		纬度	0.2384	0.9328	0.0242	0.3573
	$<0.001^{1,<0.001}$	脑腹侧区相对大小	0.1661	4.5633	0.3731	0.0001
		性成熟年龄	0.1187	2.5175	0.5088	0.0165
		5 个脑区域总大小	0.4177	6.0210	0.1534	<0.0001
		纬度	0.4073	1.4656	0.0578	0.1517

8.3.2 脑大小与寿命的关系

两栖动物脑相对大小与寿命呈显著正相关(表 8-1，图 8-2)，取样数不影响脑大小与寿命的关系(β=0.0132，t=0.6602，P=0.3043)。当控制亲体投入时，脑相对大小与寿命呈显著正相关(β=0.3432，t=2.8606，P=0.0075，$\lambda<0.001^{0.959,<0.0001}$)。此外，脑相对大小也与性成熟年龄呈显著正相关($\beta$=0.2830，$t$=3.2017，$P$=0.0028，$\lambda<0.001^{1,<0.0001}$)。路径分析支持脑相对大小和寿命之间的关系部分依赖于“脑—性成熟年龄”的关系(图 8-3，表 8-3)。当使用物种的平均寿命来替代寿命时，结果发现脑相对大小与平均寿命呈显著正相关(表 8-4)。

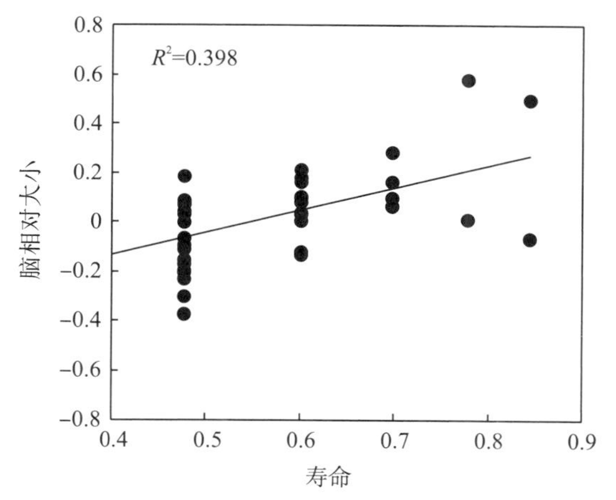

图 8-2　两栖动物脑相对大小与寿命的相关性

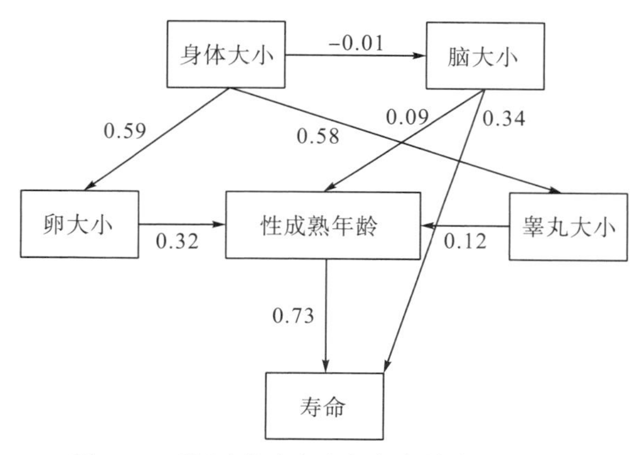

图 8-3　两栖动物脑大小与寿命最佳路径模型

8.3.3　脑区域大小与寿命的关系

对脑区域大小与寿命进行相关性分析，PGLS 模型揭示了寿命与嗅脑和脑腹侧区相对大小呈显著正相关(图 8-4)，与嗅神经、端脑、中脑和小脑相对大小的相关性不显著(表 8-5)，

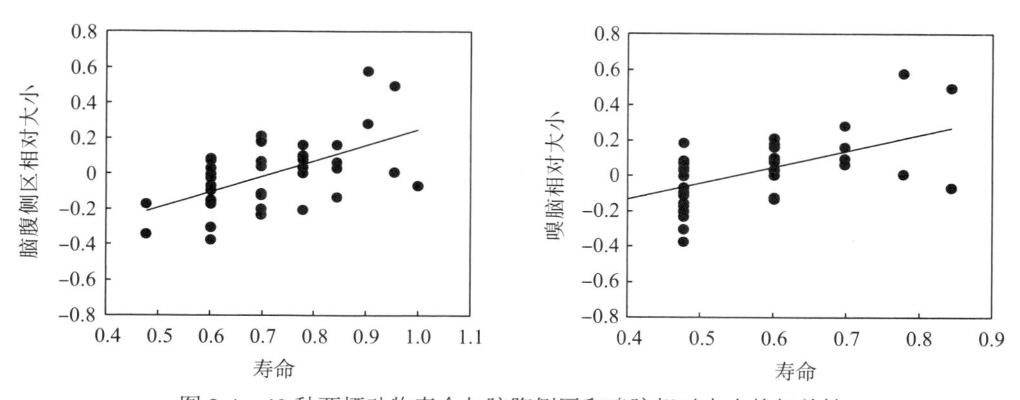

图 8-4　40 种两栖动物寿命与脑腹侧区和嗅脑相对大小的相关性

脑区域大小和寿命之间的关系不受样本大小的影响($P>0.2$)。平均寿命与嗅脑和脑腹侧区相对大小呈显著正相关(表 8-4)。路径分析表明，嗅脑和脑腹侧区大小与寿命呈正相关，这是通过增加性成熟年龄实现的。

表 8-5 两栖动物脑区域相对大小与寿命的相关性

反应变量	λ	预测变量	β	t	R^2	P
寿命	$<0.001^{1,<0.001}$	嗅神经相对大小	0.0314	0.9093	0.0231	0.3694
		性成熟年龄	0.4119	6.1581	0.5200	<0.0001
		脑腹侧区相对大小	0.1435	4.5050	0.3670	0.0001
		纬度	0.0977	0.3576	0.0036	0.7228
	$<0.001^{1,<0.001}$	嗅脑相对大小	0.1552	4.5944	0.3763	0.00001
		性成熟年龄	0.4126	7.7715	0.6331	<0.0001
		脑腹侧区相对大小	0.1224	4.7621	0.3931	<0.0001
		纬度	0.7909	3.2364	0.2303	0.0026
	$<0.001^{1,<0.001}$	端脑相对大小	0.1068	1.5241	0.0623	0.1365
		性成熟年龄	0.3840	5.5621	0.4692	<0.0001
		脑腹侧区相对大小	0.1451	4.6488	0.3818	<0.0001
		纬度	0.4027	1.3867	0.0521	0.1743
	$<0.001^{1,<0.001}$	中脑相对大小	0.0303	0.5199	0.0077	0.6064
		性成熟年龄	0.4207	6.2775	0.5296	<0.0001
		脑腹侧区相对大小	0.1341	3.8609	0.2987	0.0005
		纬度	0.2243	0.8266	0.0192	0.4141
	$<0.001^{1,<0.001}$	小脑相对大小	0.0585	1.2170	0.0406	0.2317
		性成熟年龄	0.4294	6.4701	0.5446	<0.0001
		脑腹侧区相对大小	0.1173	3.1659	0.2226	0.0032
		纬度	0.1636	0.6414	0.0116	0.5254
	$<0.001^{1,<0.001}$	脑腹侧区相对大小	0.1558	4.3105	0.3468	0.0001
		性成熟年龄	0.4185	6.0764	0.5133	0.0000
		5 个脑区域总大小	0.0861	1.8395	0.0882	0.0743
		纬度	0.2693	0.9758	0.0265	0.3359

8.4 讨 论

两栖动物是最先被用来研究寿命与脑相对大小关系的变温动物类群。与恒温动物类群的研究结果一致(Allman et al.，1993；Minias and Podlaszczuk，2017)，两栖动物寿命和脑相对大小之间呈显著正相关，其通过增加性成熟年龄来进化出更大的脑，从而向更长的寿命进化。接下来，基于脊椎动物类群的结果讨论脑大小进化的机理。

机体衰老是决定动物寿命的内在因素，这是一个复杂的过程，至今还没有完全被弄清楚。一个重要的假设认为，随着年龄的增长，代谢活动产生的活性氧增加，抗氧化防御能力下降，这是衰老的核心（Finkel and Holbrook，2000）。脑组织参与机体的稳定控制，其可能改变调节功能来维持生理和激素水平（Lindstedt and Calder，1981），通过更好的内稳态来进行抗氧化防御，可以减缓与活性氧相关的衰老，从而对抗机体衰老。事实上，有研究发现，活性氧损伤与脑大小之间存在联系，即脑容量较大的鸟类遭受较少的氧化损伤（Vágási et al.，2016）。因此，基于这一脑抗衰老机制，脑更大的动物可能寿命更长（Hofman，1983；Minias and Podlaszczuk，2017）。两栖动物的脑和脑区域大小进化可能符合这种推理，即脑腹侧区的大小与寿命呈明显的正相关，控制某一特定认知能力的脑区域通常表明该特定认知区域的具体功能，例如嗅觉或视觉发达的动物通常有较大的嗅脑或视叶（Striedter，2005）。同样，越大的脑腹侧区可能会有越好的内稳态，如果蝇更好的内稳态可以延长其寿命（Biteau et al.，2010），但是还需要更多的实验来探究长寿的两栖动物是否比短寿的两栖动物表现出更好的内稳态。

脊椎动物脑在系统发育过程中最古老的部分包括前脑（嗅球）、间脑和脑干，它们的大小通常在不同类群或物种之间不同（Goodson，2005）。大多数脑区域进化多样性在脑背侧区域出现（Gould，1975；Striedter，2005；Yopak et al.，2010），事实上，只有“更老”的脑区域，如嗅脑和脑腹侧区的大小，与寿命呈正相关，其表明脑区域和寿命之间的联系在动物演化史上是很古老的。当前，还需要对哺乳类和鸟类脑腹侧区的大小变化进行比较分析，以确定脑腹侧区的相对大小是否也与寿命呈显著正相关，如果呈正相关，这可能表明脊椎动物的脑与寿命的联系是通过内稳态控制调节的，而恒温和变温脊椎动物的寿命与脑大小之间的进化关系可能是同源的。

“认知缓冲假说”和“发育代价假说”通过不同的机制预测了脑大小和寿命之间的关系。“认知缓冲假说”是通过行为协调实现的，而“发育代价假说”是通过发育限制实现的。

“认知缓冲假说”表明，脑越大，行为灵活性越强，寿命越长。通常情况下，动物在新情况下思考新策略时，较大的脑是有利的，这在行为上体现了个体应对不可预测的环境挑战时的能力（Allman et al.，1993；Sol，2009；González-Lagos et al.，2010；Vincze，2016；Sayol et al.，2016b）。较长寿命的物种可能会遇到更多不可预测的情况，脑较大的物种应该通过增加个体存活率来促进向长寿的进化。虽然行为适应性与脑大小之间的关系还未在两栖动物中得到检验，但是鱼类、鸟类和哺乳类的脑大小与行为适应性呈显著正相关（Sol et al.，2005a，2008；Kotrschal et al.，2017b）。鸟类和哺乳类脑大小与存活率相关性的机制尚不清楚，例如能够接触到新的食物资源或新的筑巢地点，行为可塑性有助于个体在新环境中更好地生存。在鱼类研究中，躲避捕食者对延长个体寿命有重要作用，脑容量大的鱼类更善于了解新的捕食者，从而活得更久。因此，脑容量较大的两栖动物可能会更好地躲避捕食者和寻找食物，这将有助于其向更长寿命进化，因为减少与年龄无关的死亡率可能促使寿命更长（Chen and Maklakov，2012）。嗅球的功能主要是接收并整合嗅觉信息，对定位捕食者、发现和捕获猎物都至关重要。两栖动物的存活率与脑大小的相关性可能是由嗅觉调节的，因为长寿物种的脑由不成比例的嗅球组成。大脑和小脑是脊椎动物学习和记忆最重要的脑区域(Taylor et al.，1995；Striedter，2005)，然而，两栖动物寿命与端脑和小脑大小的相关性不明显，这与“高阶”认知能力在调节这种关系中的突出作用相矛盾。

“发育代价假说”认为灵长类的脑需要更长的时间才能发育成熟，从而导致妊娠期和断奶年龄的延长，这可能会迫使灵长类延长发育期和繁殖期，其可能反过来延长动物的寿命(Street et al.，2017)。两栖动物脑大小与寿命的相关性支持“发育代价假说”的预测，因为脑大小、性成熟年龄和寿命之间联系密切，性成熟年龄和寿命呈显著正相关普遍出现在脊椎动物类群(Stearns，1992；Barton and Capellini，2011)。根据路径分析，最有可能解释这种三角关系的情况是：相对较大的脑与较长的寿命直接有关，也可以通过延长性成熟年龄来实现。因此，陆栖变温脊椎动物通过发展缓慢的生命史来促使更大的脑进化。在哺乳动物中，如果控制亲体照顾时间，那么寿命与脑大小之间的相关性不明显(Barton and Capellini，2011)，因为脑容量较大的物种缓慢的生活史是发育代价直接的后果。两栖动物没有亲体育雏行为，但是亲体投入与寿命密切有关，而且两栖动物的卵大小和脑大小呈正相关(Liao et al.，2016a)。然而，路径分析揭示了生殖腺与寿命没有直接关系，相反，身体大小能够促使卵大小和睾丸大小的变化，两者导致性成熟年龄的增加，并通过这一途径延长寿命。当前研究的物种未提供亲体的生殖投入，为了阐明亲体的生殖投入在两栖动物脑大小和寿命进化中的作用，将来需要对育仔情况、亲代投入的极端差异的物种进行比较研究。

脑容量大的两栖动物性成熟得更晚，寿命更长，该研究结果与恒温脊椎动物的研究结果一致。由此推测，寿命和脑大小的相关性在脊椎动物中可能是由一致的生活史特征引起的。寿命较长的两栖动物具有更大的脑腹侧区和嗅脑，其表明内稳态和认知方面的优势都有助于寿命的延长。虽然相对较大的脑的认知优势可能有助于更长寿命的进化，但路径分析支持“发育代价假说”，两栖动物越大的脑似乎延长了幼年期，从而促使较慢的生活史和更长的寿命进化。

8.5 小　　结

(1) 两栖动物脑相对大小与寿命呈显著正相关，其支持“认知缓冲假说”和“发育代价假说”，然而其机制不同，“认知缓冲假说”是通过行为协调实现的，而“发育代价假说”是通过发育限制实现的。

(2) 两栖动物的寿命与脑腹侧区和嗅脑相对大小呈显著正相关，表明这两个脑区域内稳态和认知方面的优势都有助于寿命的延长。

(3) 两栖动物脑大小与寿命的相关性部分依赖于脑大小与性成熟年龄的关系。

第 9 章　两栖动物脑大小与能量器官大小的进化权衡

9.1　两栖动物脑大小与能量器官大小的进化权衡研究概况

脊椎动物物种间脑大小差异很大，脑大小进化的影响因素是当前研究的热点（Huber et al.，1997；Abbott et al.，1999；Safi and Dechmann，2005；Striedter，2005；Pollen et al.，2007；Gonda et al.，2009b；Kotrschal et al.，2016；Pontzer et al.，2016）。虽然较大的脑能提高物种的认知能力（Kotrschal et al.，2015a；Benson-Amram et al.，2016），但是维持较大的脑组织需要大量的能量（Mink et al.，1981），从而限制脑大小的增大（Striedter，2005）。在探究脑大小进化消耗能量方面，科学家提出了不同的假设，“直接代谢限制假说”预测基础代谢率和脑大小呈正相关，其是由活跃的脑组织代谢导致的（Martin，1981）。这个假设在哺乳动物类群中被验证（Martin，1981），但在鸟类中未被支持（Isler and van Schaik，2006a）。尽管如此，新陈代谢仍然被认为是驱动脑大小进化的一个强有力因素，因为代谢变化导致灵长类动物比其他哺乳动物有更大的脑（Pontzer et al.，2014）。“直接代谢限制假说”不是脑大小进化的普遍模式，随着对脑大小进化研究的深入，该假说推动了“高耗能组织代价假说”的发展（Aiello and Wheeler，1995）。虽然人类的脑大小是黑猩猩脑大小的三倍，但是它们单位体重的基础代谢率相似，由此推测，人类比黑猩猩有更短的肠使得耗能减少（Aiello and Wheeler，1995；Aiello et al.，2001；Aiello and Wells，2002）。如果人类相对短的肠对应更大的脑，那么只有通过提高认知能力才能获取更高质量的食物。此后，“高耗能组织代价假说”延伸到肠以外的其他耗能器官（Isler and van Schaik，2006a），从而推动了“能量权衡假说”的产生。“能量权衡假说”预测，动物机体必须减少维持其他器官的能量消耗或者减少繁殖和发育的能量消耗，以便将更多能量提供给脑（Isler and van Schaik，2006a，2006b，2009；Navarrete et al.，2011；Liu et al.，2014），从而导致脑大小与其他器官和生殖投入呈显著负相关。然而，脑与其他器官和生殖投入在功能上的权衡很难确定，Agrawal 等（2010）推断正向选择脑大小与负向选择其他组织的遗传相关性可能解释这种功能权衡，同时，选择或共享有限资源的证据可以加强对脑大小与能量器官权衡的理解（Roff et al.，2002）。

自从这些假设被提出以来，学者们通过不同动物类群的比较研究探索了脑大小与能量器官的相关性是否与这些假设的预测一致。部分研究发现，脑大小和肠长度呈显著负相关，支持“高耗能组织代价假说”（Kaufman et al.，2003；Tsuboi et al.，2015）；部分研究发现，脑大小与其他高耗能组织呈显著负相关，支持“能量权衡假说”（Isler and van Schaik，2006a；

Pitnick et al., 2006)；部分研究发现，脑大小与肠和其他能量器官无相关性(Lemaître et al., 2009；Barrickman and Lin，2010；Navarrete et al.，2011)。关于脑大小的“能量代价假说”的研究主要集中在恒温动物(Aiello and Wheeler，1995；Jones and MacLarnon，2004；Isler and van Schaik，2006a；Pitnick et al.，2006；Navarrete et al.，2011)，近年来部分学者对变温动物脑大小的“能量代价假说”也进行了验证(Kotrschal et al.，2013a；Tsuboi et al.，2015)。与恒温动物相比，变温动物维持脑组织的能量消耗应该比恒温动物高，因此，变温动物特别适合用于探究脑大小进化是否符合“高耗能组织代价假说”。其原因包括以下两个方面：首先，就中枢神经系统的代谢耗氧量而言，变温动物脑组织与恒温动物脑组织的耗氧量相同(Mink et al.，1981)，但变温动物的新陈代谢率要比恒温动物低 10 倍(White et al.，2006)；其次，变温动物脑的新陈代谢对环境温度变化的反应比身体的新陈代谢对环境温度变化的反应弱(Heath，1988)，这种原因是鱼类脑大小进化支持高耗能器官“能量代价假说”最强有力的证据。例如，坦噶尼喀湖中丽鱼科鱼类的脑大小与肠道长度呈显著负相关(Tsuboi et al.，2015)，人工选择实验的孔雀鱼(*Poecilia reticulata*)有更大的脑和更短的肠(Kotrschal et al.，2013a)。那么脑和肠的权衡关系在变温动物中是否是一种普遍模式呢？两栖动物是重要的变温动物，是检验高耗能器官“能量代价假说”一个很好的模式动物类群，峨眉林蛙(*Rana omeimontis*)脑大小和肠道长度表现出了显著性负相关(Jin et al.，2015)，但部分物种脑与肠的相关性不明显(Zhao et al.，2016)。两栖动物不同物种的脑、肠和生殖投入存在明显的差异性(Liao et al.，2015b；Fei et al.，2010)，因此，两栖动物脑大小与能量器官和生殖投入的进化关系是否符合以上假设有待研究验证。

心脏、肺、肝脏和肾脏也被认为是高耗能器官，大量的比较研究发现脑和这些器官之间不存在显著性负相关(Aiello and Wheeler，1995；Barrickman and Lin，2010；Navarrete et al.，2011；Warren and Iglesias，2012)。肌肉在运动过程中需消耗大量的能量，鸟类飞翔过程中需要肌肉提供大量的能量，研究者也发现鸟类的脑大小与肌肉重量存在显著性负相关(Isler and van Schaik，2006a)。雌性的生殖投入也需要大量的能量，对鱼类的研究表明脑大的物种产更大的卵和更小的窝卵数来弥补更大卵的能量需求(Tsuboi et al.，2015)；关于雄性的生殖投入，研究者发现雄性蝙蝠生殖投入(睾丸大小)与脑大小存在权衡关系(Pitnick et al.，2006)，但在其他哺乳动物类群(Lemaître et al.，2009)和无尾两栖类中并非如此(Zeng et al.，2016)。两栖动物的精子大小是雄性繁殖投入的一部分(Byrne et al.，2003；Zeng et al.，2014)，因此，弄清楚脑大小与精子大小是否存在权衡关系特别重要。

本章的研究目的：①基于 30 种两栖动物的总脑和肠数据来检验“高耗能组织代价假说”；②检验脑大小与其他能量器官(心脏、肺、肝脏、脾脏、肾脏和四肢肌肉)以及生殖投入(卵大小、窝卵数和精子长度)的相关性，验证“能量权衡假说”。

9.2 材料和方法

9.2.1 数据收集

本研究组于 2007～2013 年的繁殖季节在中国的横断山脉共采集了 30 种 251 只成年的

两栖动物雄性体，所有个体带回实验室，放置于单个矩形(0.5m×0.4m×0.4m)水箱中。首先，用对氨基苯甲酸乙酯麻醉所有个体，用双毁髓法处死每个个体(Jin et al.，2015)，虽然双毁髓法会损坏脑干结构的完整性，但是整个脑重和脑区域不会受到破坏(Jiang et al.，2015)。将处死后的样本保存在 4%的福尔马林溶液中，保存 2 周至 2 个月。用游标卡尺测量每个个体体长(SVL)，用电子天平称量体重，再解剖每个个体的脑，用电子天平称重(精确到 0.1mg)。最后，取出每个个体的内脏器官(消化道、心脏、肺、肾脏、肝脏、脾脏)以及四肢肌肉(Isler and van Schaik，2006a)，进行清洗，用游标卡尺测量消化道的长度，用电子天平称所有器官的重量。此外，查阅已发表文献，收集两栖动物窝卵数和卵大小的数据(Fei et al.，2010；Liao et al.，2018)以及精子长度的数据(Zeng et al.，2014)。

9.2.2 分子系统发育树的构建

查阅文献，获取两栖动物的进化树(Pyron and Wiens，2011)，利用贝叶斯系统建树方法构建 30 个物种的进化树。由于收集的部分物种没有分支长度的信息，因此将分支长度任意设置为 1(Pagel，1992)。Felsenstein(1985)提供了独立比较的所有细节过程，该方法在计算机上模拟的几何布朗模型能够接受 I 型错误率，其他模型可接受 I 型膨胀率(Diaz-Uriarte and Garland，1996)。然而，重新设置分支长度可以降低 I 型错误率，同时最大的 I 型错误率不超过 P 值(取 0.05)的两倍。所有分析处理在 R 软件包中进行。

9.2.3 统计分析

原始数据利用 R 软件(v2.13.1)中的 ape 包进行对数转换，使用系统发育广义最小二乘(PGLS)回归分析来检验脑大小和所有能量器官之间的关系。广义最小二乘回归使用最大似然法估计系统发育量度指标参数 λ，λ 估计系统发育信号对脑大小和生态因素关系的影响。当 $\lambda=0$ 时，系统发育信号对脑大小和生态因素关系的影响不显著；当 $\lambda=1$ 时，系统发育信号的影响显著。对研究的所有器官进行系统发育信号检验，结果表明各个器官均具有明显的系统发育信号(脑重：$\lambda=0.400$；消化道：$\lambda=0.528$；心脏：$\lambda=0.424$；肺：$\lambda=0.529$；肝脏：$\lambda=0.493$；肾脏：$\lambda=0.508$；脾脏：$\lambda=0.377$；四肢肌肉：$\lambda=0.517$；精子长度：$\lambda=0.370$；窝卵数：$\lambda=0.411$；卵大小：$\lambda=0.423$)，因此，利用模型对数据进行系统发育校正。统计分析过程中，首先将脑重设为反应变量，肠长度作为自变量，体长作为协变量，检验脑重与肠长度的关系，同时分析体长与肠长度的相互作用对脑重的影响。其次，建立 7 个独立的多元回归模型来检测脑重和每个器官重的关系以及其他内脏器官间的关系，分析体长与各器官的相互作用对脑重的影响。再次，检测脑大小与繁殖投入三个方面(精子长度、窝卵数和卵大小)之间的关系。最后，以脑大小或卵大小为因变量，繁殖模式为自变量，体长为协变量，检测繁殖模式对脑大小和卵大小的影响。

9.3 结　　果

当控制身体大小后，消化道长度与脑大小之间呈显著负相关(脑大小：β=−0.597，t=−3.355，P=0.002；身体大小：β=2.542，t=8.948，P＜0.001)(图 9-1)。当控制身体大小的影响后(β=1.686，t=7.328，P＜0.001)，卵大小与脑大小呈显著正相关(β=0.475，t=1.998，P=0.049)(图 9-2)。虽然身体大小对脑大小的影响显著(β＞1.53，P＜0.001)，但是脑大小与卵大小(β=0.027, t=0.437, P=0.664)和精子长度(β=−0.105，t=−0.495，P=0.624)的相关性不明显。繁殖方式对脑大小或卵大小的影响不显著(脑大小：t=−0.579，P=0.566；卵大小：t=0.660，P=0.513)。

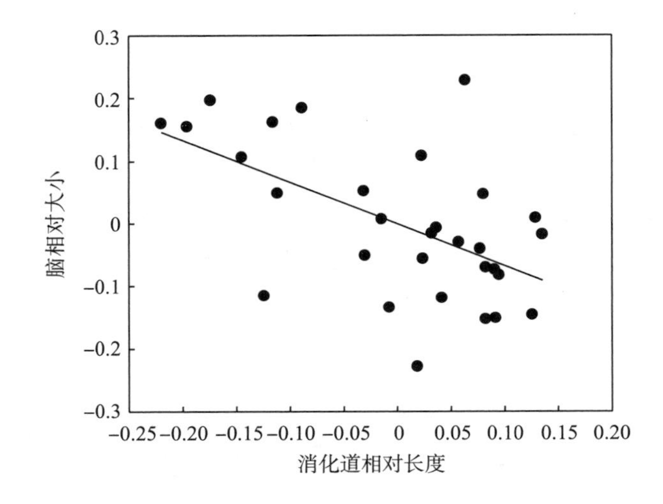

图 9-1　30 种两栖动物脑相对大小与消化道相对长度的相关性

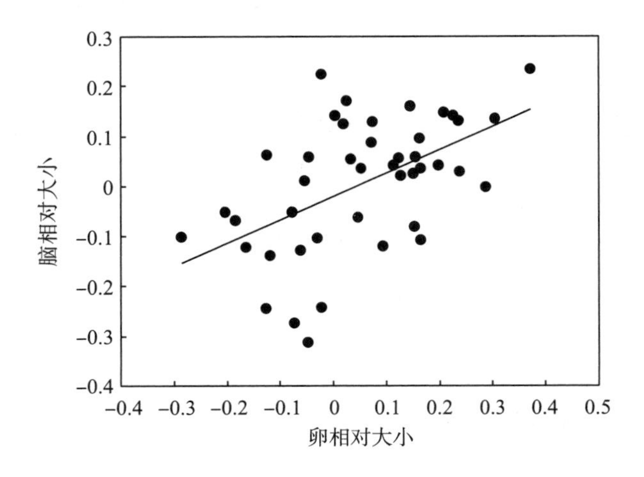

图 9-2　30 种两栖动物脑相对大小与卵相对大小的相关性

控制身体大小的影响后(t =2.223，$P<0.035$)，其他能量器官(心脏、肺、肾脏、肝脏、脾脏、四肢肌肉)与脑大小的相关性均不显著(表 9-1)，体长和不同组织重量的交互作用对脑大小的影响不显著($P>0.09$)。使用多因素分析发现了相同的结果(消化道长度：β=−0.575，t=−2.782，P=0.012；其他器官：$\beta>0.322$，$t<1.766$，$P>0.093$)。脑大小与所有器官总大小的相关性不显著(β=−0.108，r=0.238，t=−1.683，P=0.104)。脑大小与心脏、肾脏、消化道和四肢肌肉重量呈显著正相关(图 9-3)，当控制了身体大小的影响之后，它们之间的相关性不显著(表 9-2)。

表 9-1　两栖动物脑大小与其他器官的相关性

假设	变量	样本数	斜率	t	P
高耗能组织	消化道	251/30	−0.5975	−3.3551	0.0024
能量权衡	心脏	251/30	−0.1292	−1.1009	0.2806
	肺	251/30	0.0617	0.6185	0.5414
	肾脏	251/30	0.0733	0.4555	0.6524
	肝脏	251/30	−0.2095	−1.998	0.0558
	脾脏	251/30	−0.0332	−0.6258	0.5367
	四肢肌肉	251/30	0.0433	0.2203	0.8273

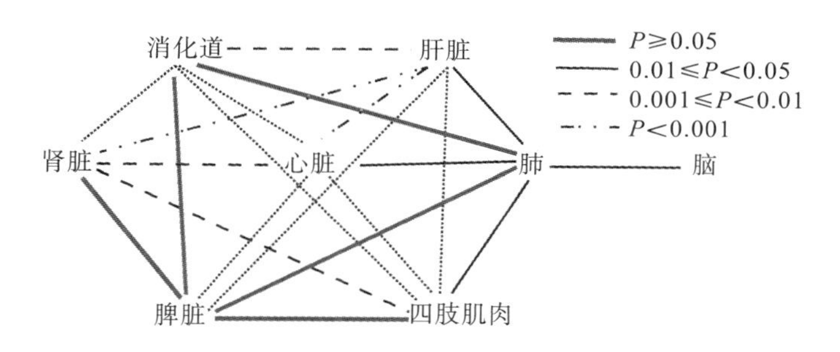

图 9-3　30 种两栖动物不同器官相对大小之间的相关性

表 9-2　两栖动物各个器官的相对大小之间的相关性

变量	消化道	心脏	肺	肾脏	肝脏	脾脏	四肢肌肉
消化道		0.8202*	0.0870	0.3437*	0.3327**	0.0832	0.4782*
心脏	0.8202*		−0.0593	0.6648**	0.6470***	0.2501*	0.6128*
肺	0.0870	−0.0593		0.2039	−0.2146	0.0767	−0.0436
肾脏	0.3437*	0.6648**	0.2039		1.0270***	0.0767	0.5217**
肝脏	0.3327**	0.6470***	−0.2146	1.0270***		0.2114*	0.3267*
脾脏	0.0832	0.2501*	0.0767	0.1061	0.2114*		0.0504
四肢肌肉	0.4782*	0.6128*	−0.0436	0.5217**	0.3267*	0.0504	

*$P<0.05$，**$P<0.01$，***$P<0.001$。

9.4 讨 论

两栖动物脑大小和消化道长度呈显著负相关，其与“高耗能组织代价假说”一致。当物种在进化过程中拥有更大的脑时，雌性对卵大小的投入也相应增加。因此，两栖动物脑大小与肠长度和繁殖投入的关系不仅阐述了脑大小进化与能量限制关系的机理，而且增加了“高耗能组织代价假说”适用于变温动物这一结论的证据。脑大小和其他能量器官的相关性不显著，结果不支持“能量权衡假说”。

虽然“高耗能组织代价假说”是基于人类和其他灵长类动物提出的(Aiello and Wheeler，1995)，但是该假说也适合变温动物，例如象鼻鱼和孔雀鱼的脑大小与肠长度呈显著负相关(Kaufman et al.，2003；Kotrschal et al.，2013a)。Tsuboi 等(2015)对坦噶尼喀湖丽鱼科 73 种鱼进行了研究，发现脑大小与肠长度呈负相关。Jin 等(2015)发现脑大的峨眉林蛙(*Rana omeimontis*)个体有更短的肠。在恒温动物不同类群中，脑大小和肠长度的相关性不显著(Isler and van Schaik，2006a；Jones and MacLarnon 2004；Barrickman and Lin，2010；Navarrete et al.，2011)。因此，“高耗能组织代价假说”能够解释部分恒温动物脑大小的进化，但在整个类群中并非有效(Aiello et al.，2001)。“高耗能组织代价假说”最初是基于类人猿和人类为何具有大的脑这一现象提出的(Aiello and Wheeler，1995)，因为类人猿和人类的脑重占总体重的 1%～2%(Striedter，2005)。科学家对大多数变温动物脑大小进化是否符合“高耗能组织代价假说”的研究较少，因为变温动物脑较小，其能量权衡较弱。虽然坦噶尼喀湖中丽鱼科鱼的平均脑重只相当于体重的 0.07%，脑大小和肠长度呈显著负相关(Tsuboi et al.，2015)，但鱼类单一物种的脑大小进化也支持“高耗能组织代价假说”(Kotrschal et al.，2013a)。两栖动物平均脑重相当于体重的 0.3%，脑大小与肠长度的负相关性表明了能量限制在变温动物脑大小进化中起重要的作用。

有两个不矛盾的原因可以解释为什么两栖动物肠长度和脑大小之间的负相关性在部分脊椎动物群体中普遍存在，而在其他脊椎动物群体中却不存在。其一，不同脊椎动物采取不同的策略，例如 Isler 和 van Schaik(2006a)发现鸟类脑大小和胸肌重之间存在权衡，但脑大小和肠长度之间无相关性，他们认为鸟类对飞行能力(胸肌重)的高投入促进脑和胸肌的能量权衡。其二，不同脊椎动物类群或不同的物种在总能量投入和能量分配方面的差异性将导致脑和肠的关系发生改变，如果总能量投入的变化大于能量分配的变化，那么受能量权衡约束的能量器官总体上不会呈现显著负相关(Houle，1991；Agrawal et al.，2010)。

正如“高耗能组织代价假说”阐述的那样，某一高耗能器官(脑)和获取能量的高耗能器官(肠)之间的负相关性最初提出来是违反常理的。如果通过增加脑大小来提高认知能力能够促使物种取食更有营养的食物，这种关系显得更加合理，例如在灵长类中，脑小的植食性物种具有较长的肠，脑大的杂食性物种具有较短的肠；而通过烹饪来增强肠消化吸收功能的人类拥有最大的脑和最短的肠(Aiello and Wheeler，1995)。虽然部分研究表明灵长类支持“高耗能组织代价假说”，但是通过食物的质量来衡量肠道长度的结果证明脑大小和肠长度呈正相关关系(Fish and Lockwood，2003)。然而，狐猴和懒猴的饮食质量与脑大小相关性不明显(Allen and Kay，2012)。通常情况下，与肠更长的动物相比，肠更短的动物食肉频率更高(Secor，2001；Naya and Bozinovic，2004；Naya et al.，2009)，尽管更大的脑赋予更强的认知能力是动物获得更有营养的食物资源的必要条件，但取食更多肉食的物种并不一定具有更大的脑(Gonzalez -Voyer et al.，2009b)。两栖动物不同物种成体均以昆虫为食，然而，不同昆虫的营养价值存在差异性，其可能需要物种改变认知能力来捕捉，这种情况是否存在？如果存在，是否与脑区域结构有关？这需要将来进一步研究。

虽然肠长度和脑大小的负相关性通常被认为是脑肠权衡的证据(Aiello and Wheeler，1995；Tsuboi et al.，2015；Kotrschal et al.，2016)，但并非所有研究都表明脑和肠存在权衡关系，存在该权衡关系需要证明脑和肠的遗传相关性以及两者都处于正向选择(Roff et al.，2002；Agrawal et al.，2010)。通过人工选择孔雀鱼的脑大小和幸存实验可知，脑和肠存在权衡关系(Kotrschal et al.，2013a，2015a、b、c)。将这种解释应用于两栖动物需要谨慎，需要开展实验来验证脑和肠的遗传相关性及它们是否处于正向选择。峨眉林蛙脑大小和肠长度的负相关关系证实了脑和肠的权衡(Jin et al.，2015)。

以往研究表明，脑形成所需的能量可以通过繁殖投入的能量分配来实现(Isler and van Schaik，2009，2014)。例如，哺乳动物脑更大的物种产更大的胎儿(Isler and van Schaik，2009)，丽鱼科脑更大的鱼产更大的卵(Tsuboi et al.，2015)；同样，两栖类的卵大小和脑大小呈显著正相关，其与哺乳动物和鱼类的研究结果基本一致。两栖动物更大的卵具有更大的卵黄和更多的能量储备(Berven，1982)，这些能量储备可以提高卵中胚胎的生长速度、抗逆性和整体存活率(Cummins，1986；Merila et al.，2000；Wells，2007)。显而易见，大的卵普遍出现在脑更大的物种中，因此，繁殖体的增大可能是脊椎动物脑形成的普遍需求。此外，卵大小与繁殖模式的演化密切相关，例如两栖动物大的卵进化与陆地繁殖有关。通常情况下，水中繁殖的物种倾向于产小而多的卵，陆地繁殖的物种倾向于产大而少的卵(Duellman and Trueb，1986)。在特殊情况下，繁殖栖息地的差异性可能导致脑和脑区域大小的差异性，从而混淆卵和脑大小的关系。然而，这种情况不可能出现在本章所研究的 30 种两栖动物中，其原因是水生和陆生繁殖者的脑大小和卵大小差异性不显著。

脑更大的两栖动物产更大的卵，但不产更多的窝卵数，这些结果似乎违背了经典的“少而大”与“多而小”的生活史权衡理论(Duarte and Alcaraz，1989)，且与人工选择条件下脑更大的孔雀鱼产更少后代的结论不同(Kotrschal et al.，2013b)。脑更大的两栖动物能够通过更强的认知能力来找到更高质量的食物资源，从而提供更多的繁殖投入。另一种情况，脑更大的物种可以通过减少每个繁殖季节的产卵次数来储存能量(Wells，2007)。然而，卵大小和窝卵数缺少负相关性可能是由统计误差和较少的物种数引起的，事实上，两栖动物卵大小和窝卵数存在显著性的权衡关系(Gomez-Mestre et al.，2012)。对雄性而言，脑大小和精子大小相关性不显著表明交配后的性选择(精子竞争)不能促进更大的脑进化(Zeng et al.，2016)。尽管两栖动物脑大小和精子大小的相关性不显著，但结果为脊椎动物雄性繁殖投入和脑大小相关性不显著的结论提供了支持(Lemaĭtre et al.，2009；Kotrschal et al.，2013b)。

是否有证据进一步证明脑和其他耗能器官存在权衡关系呢？在运动过程中，肌肉组织耗能最多，甚至休息的时候，其也需要消耗相当比例的能量。因此，鸟类肌肉组织与脑大小呈显著负相关(Isler and van Schaik，2006a)，其符合“高耗能组织代价假说”(Aiello and Wheeler，1995)。考虑到地面运动，南方古猿进化到早期人类出现的两足行走应该减少了能量消耗(Pontzer et al.，2010)。两栖动物主要利用后肢来运动，因此，后肢肌肉重量可以代表运动的能量消耗。两栖动物中具更强运动能力的物种或个体应该更该具有以下三个方面的能力：①更容易寻找配偶；②迁移到食物质量更好的地区；③躲避捕食者(Duellman and Trueb，1986)。在这种情况下，越强的认知能力应该有越重的肌肉，因为强的认知能力包括三个方面的益处：①提高社会敏锐度和增加繁殖适应性(Dunbar，1998)；②有更强的定位能力和寻找更高质量的食物资源的能力(Lefebvre et al.，1997)；③增强逃避捕食者的能力(Kotrschal et al.，2015a、b、c)。然而，两栖动物的脑大小和后肢肌重不存在权衡关系，不支持这些假设。此外，两栖动物脑大小与心脏、肝脏、肺、脾脏或肾脏重量的相关性不显著，与 Navarrete 等(2011)研究灵长类的结果一致。因为一个高耗能器官的能量耗费不是直接影响另一个高耗能器官，而是将它的能量耗费分配到其他的高耗能器官(Lemaître et al.，2009)。

9.5 小　结

(1)两栖动物脑大小与肠长度呈显著负相关，脑越大的物种具有越短的肠，其与“高耗能组织代价假说”一致。

(2)两栖动物脑大小与卵大小呈正相关，随着脑大小的增加，雌性对卵的投入也相应增加，然而脑大小与窝卵数和精子长度的相关性不显著。

(3)两栖动物脑大小与心脏、肝脏、肺、脾脏、肾脏和四肢肌肉重量的相关性不显著，其与“能量权衡假说”不一致。

第10章　两栖动物脑大小与眼球大小的进化关系

10.1　两栖动物脑大小与眼球大小的进化关系研究概况

脊椎动物眼球大小的变化与视力和感光度密切相关(Martin，1993)，大的眼球具有更好的视力和更强的感光度。眼球在视网膜上形成图像，为视觉信息处理提供可行的信号(Martin，1993)，因此，视力直接与眼球大小及晶状体直径有关，同时也与感受器间的角间距、视神经元的效能以及神经节细胞的间距有关(Land and Nilsson，2012；Veilleux and Kirk，2014)。大的眼球具有更长的焦距，其决定了物体投放在视网膜上的成像大小(Martin，1993)，因此，通过改变焦距来增强分辨力可以促使眼球增大。除了视力以外，感光度的增强也能够促使眼球增大。事实上，光照强度是促进眼球大小进化最强有力的驱动因素(Martin，1982)，因此生活在昏暗环境中的物种通常有更大的眼球(Iglesias et al.，2018)。相比于更小的眼球，更大的眼球具更丰富的光感受器以及形成更大的视像，因此，每个立体角的视像可以获得更多的光(Walls，1942；Martin，2007)。例如在弱光下探测微弱的生物发光体时，海洋中层鱼的大眼球能增加捕获光子的机会(Warrant，2000；Warrant and Locket，2004)。昏暗的光线条件可能更有利于增大视网膜和瞳孔直径，例如部分夜行鸟类(如猫头鹰)通过进化出更大的眼球来获得更宽的瞳孔，从而增加夜间的感光度(Martin，1985；Brooke et al.，1999)。然而，光照强度与眼球大小的关系并不是那么简单，例如几维鸟和夜鹦鹉不是进化出更大的眼球，而是改变瞳孔直径与眼球轴长的关系来获得更好的感光度(Hall and Ross，2007)。实际上，不同光照强度下的焦距与眼发挥的功能作用有关(Martin，1982)，虽然视力和感光度是眼球的两个不同功能，但它们通常相互联系。

眼球大小的差异性通常被认为是对不同环境的功能性适应(Garamszegi et al.，2002)。相关研究强调了栖息地和行为可能与视觉功效和眼球大小有关(Huber et al.，1997；Garamszegi et al.，2002；Møller and Erritzøe，2010)，例如鱼在不同浑浊度的水域中选择不同的视觉适应，类似于低光环境，浑浊度降低了光的可利用性，从而导致眼球变大(Huber and Rylander，1992；Huber et al.，1997；Caves et al.，2017)。陆栖蜥蜴比树栖蜥蜴有更大的眼球(Werner and Himstedt，1984)，虽然其机理尚不清楚，但侦察位置可能影响眼球的大小变化，一般情况下，较高的侦察位置在视觉上的挑战性较小，从而有更小的眼球(Werner and Broza，1969；Werner and Himstedt，1984)。蛙捕捉猎物的视觉挑战促使眼球大小的进化，其原因是积极猎食鱼和鸟受益于更好的视觉信息处理能力(Douglas and Hawryshyn，1990；Husband and Shimizu，2001；Garamszegi et al.，2002；Land and Nilsson，

2012；Starunov et al.，2017）。

随着视觉效能的提高和眼球的增大，与视觉信息处理相关的神经连接、神经通路及脑结构将协同进化，其可能导致更大的脑的进化（Jerison，1973；Garamszegi et al.，2002；Iwaniuk，2017；Mai and Liao，2019），例如越大的脑越容易使用视觉信息来处理移动的猎物，鸟类越大的眼球需要越大的脑（Garamszegi et al.，2002）。此外，鸟类控制视觉的脑区域大小与鸟类处理视觉信息的能力呈显著正相关（Wylie et al.，2015）。在软骨鱼类中，生活在视觉依赖程度较高环境中的物种脑较大（Yopak and Lisney，2012）。然而，大的眼球并不一定能提供更多的信息，因为大的眼球并不总是比小的眼球有更多的神经节细胞（Nilsson et al.，2012；Caves et al.，2018）。例如，虽然脑更大的孔雀鱼（*Poecilia reticulata*）比脑更小的孔雀鱼具有更大的眼球，但视力并不更好（Corral-López et al.，2017b）。鱼类微弱的视力通常与更大的眼球密切相关（Schmitz and Wainwright，2011），最佳感光度可能会以视力和色觉为代价，这可以解释某些鱼眼球大小和中脑大小呈负相关（Kotrschal et al.，1998；Iglesias et al.，2018）。

脊椎动物眼球通常与身体大小异速生长（Brooke et al.，1999；Kiltie，2000；Garamszegi et al.，2002；Ross et al.，2006），这意味着相对较大的物种具有相对较小的眼球。眼球大小和身体大小异速生长的标度因子与脑大小和身体大小异速生长的标度因子相似（Harvey and Krebs，1990），这些相似的异速生长归因于视网膜，其是脑发育的产物（Garamszegi et al.，2002）。然而，目前尚不清楚眼球的异速生长是不是脑异速生长的附加结果（Brooke et al.，1999）。在常见的异速生长规律中，部分研究强调了生态和行为因素对鱼类（Kotrschal et al.，1998；Schmitz and Wainwright，2011；Corral-López et al.，2017b）、鸟类（Brooke et al.，1999；Kiltie，2000；Garamszegi et al.，2002）和哺乳动物（Kiltie，2000；Ross et al.，2006）眼球大小进化的影响。目前尚无关于两栖动物生态和行为因素与眼球大小进化关系的研究，因此，驱动两栖动物眼球大小进化的生态和行为因素以及眼球大小与身体大小异速生长的关系需要进一步研究。

本章以 44 种两栖动物为研究对象，研究生态（栖息地类型）和行为（防御策略、活动时间、取食行为及婚配制度）因素与眼球大小进化的关系以及眼球大小与身体大小的异速生长情况。两栖动物的视觉能力在水栖、陆栖和树栖生境之间存在明显的差异性（Zeng et al.，2014），如果光照强度与栖息地类型有关，那么树栖物种应该有更小的眼球，而水栖物种有更大的眼球。两栖动物部分物种有毒腺作为防御策略，而部分物种没有毒腺（Fei et al.，2010；Liao et al.，2015b），由于物种的毒腺可以降低被捕食风险，具有毒腺的物种通过主动防御能够减少视觉负担（Dreher et al.，2015），其可能导致具有毒腺的物种有更小的眼球，因此，两栖动物具有毒腺的物种应该比不具有毒腺的物种有相对更小的眼球。鸟类取食灵活性与眼球大小呈正相关（Garamszegi et al.，2002），如蟾蜍和树蛙在捕捉猎物时通常动作缓慢，而水蛙则表现出更灵活的取食行为，因此，取食速度快的两栖动物应该比取食速度慢的两栖动物有相对更大的眼球。环境中光的可用性是促使眼球大小进化的主要驱动因素（de Busserolles et al.，2014），因此，生活在开阔环境的蛙类应该比生活在光线暗的森林中的蛙类具有相对更大的眼球。研究发现鸟类的眼球大小可以反映性选择过程中视觉信号的重要性（Garamszegi et al.，2002），可利用两性大小异形（sexual size dimorphism，SSD）作为性选择强度(Liao et al.，2013；Cai et al.，2019b)来验证性选择对眼球大小的影响。然而，两栖动物性选择过程中的视觉信号没有听觉那么重要，因此两性大小异形对眼球大小的影响应该显著。同样，由于两栖动物脑大小与身体大小异速生长与其他脊椎动物有相似的规律(Liao et al.，2016a；Yu et al.，2018)，因此两栖动物的眼球大小与身体大小应该异速生长，而与脑大小等速生长。

本章的研究目的：①分析生态(栖息地类型)和行为(防御策略、活动时间、取食行为及婚配制度)因素对眼球大小进化的影响；②检验光的利用程度、取食速度、两性大小异形对眼球大小的影响；③探讨眼球大小与脑大小、身体大小的异速生长关系。

10.2　材料和方法

10.2.1　野外采样

研究组于 2007～2016 年繁殖季节在中国横断山区采集了 44 种两栖动物，根据第二性征确认个体的成熟情况(Gu et al.，2017；Zhong et al.，2018)，野外大多数物种表现为偏雄性的性比(Liao et al.，2015a)，由于过度采集自然种群的雌性可能会产生生态问题，因此，采集的所有物种样品均为雄体。每个个体采集后带回实验室，使用单毁髓法处死，将处死个体保存在 4%磷酸盐缓冲福尔马林溶液中进行组织固定。经过两周到两个月的保存，用游标卡尺测量其身体大小，精确到 0.01mm，用电子天平测量体重，精确到 0.1mg。解剖所有个体的脑和两只眼球，所有样本眼球长度和眼球宽度的差异很小(平均差异为 6.52%)，因此，测量时将眼球视为一个圆球体。单毁髓处死个体的方法会破坏脑干的结构完整性，但不影响整脑大小(Liu et al.，2018)，在福尔马林溶液中停留的天数对脑容量没有影响(Wu et al.，2016；Mai et al.，2017a)。每个物种眼球样本量为 1～76 个，脑的样本量为 1～20 个。由于解剖过程中部分个体的脑或眼球受到影响，因此每个物种的样本数差异较大，然而，样本数对脑容量和寿命的影响不显著(Yu et al.，2018)。

10.2.2　脑和眼球的测量

脑和脑区域的测量和计算参考 3.2 节。将解剖的两个眼球和游标卡尺放在一张白纸上，首先利用佳能 EOS 5d Mark Ⅲ数码相机进行拍照，在拍照过程中，采用水平视图来确保球形的眼球。然后使用 tpsDig1.40 形态测量软件来测量角膜直径(Rohlf，2004)，眼球大小为 $V(\text{cm}^3)=2\times1.33\pi b^3(\text{cm}^3)$，其中，$V$ 为眼球容积，b 为眼球的半径。为了估算眼球大小在测量中的重复性，每个眼球测量 3 次，结果发现所有测量具有高的重复性(R=0.948)。最后，通过比较眼球大小的种内差异来验证异质性(Liao et al.，2015a)，测量的眼球大小异质性不显著(F<1.26，P>0.34)。

10.2.3 分类变量

根据 Liao 等(2015b)的栖息地类型划分标准和野外的观察，将物种栖息地类型分为陆栖和水栖两类，陆栖物种主要在陆地和树上出现和取食，水栖物种主要在水中或水陆两种栖息环境生活和取食；用石蜡切片的方法确定皮肤中的毒腺，将有无毒腺作为两类防御策略；根据物种取食的积极程度和速度对取食行为进行分类，包括缓慢接近并捕捉猎物的物种和快速接近并积极追逐猎物的物种。根据 Zeng 等(2016)的研究将物种婚配制度分为单配制和一妻多夫制，其定义见 6.2 节；活动时间分为夜间活动和昼夜活动；地面取食物种的光照可用性分为强光和弱光两类，强光是指物种活动于森林开阔地，弱光是指物种活动于光线较弱的环境；水的浑浊度分为透明水和浑浊水。此外，利用 SSD 来表示两栖动物性选择强度，SSD 通过 log(雌性平均体长)与 log(雄性平均体长)的比值来计算。

10.2.4 分子系统发育树的构建

新建的 44 种两栖动物分子系统发育树是基于 3 种核基因和 3 种线粒体基因构建的，3 种核基因分别是重组激活基因 1(*RAG1*)、视紫红质(*RHOD*)和酪氨酸酶(*TYR*)，3 种线粒体基因分别为细胞色素 b(*CYTB*)、线粒体核糖体基因大小亚基(*12S* /*16S*)。系统发育树的构建细节参考 3.2 节，新建的 44 种两栖动物的分子系统发育树如图 10-1 所示。

10.2.5 数据分析

数据分析均使用统计软件 R v3.3.1。系统发育广义最小二乘(PGLS)回归分析和最大似然法估计系统发育尺度参数 λ 的细节参考 3.2 节。为了检验生态和行为因素对眼球大小的影响，使用 Rv2.20 软件中的 MCMCglmm 程序包进行分析(Hadfeld，2010)，分析过程中将眼球大小作为反应变量，栖息地类型、婚配制度、防御策略和取食作为自变量，身体大小作为协变量。此外，还分析了光可利用性、水的浑浊度和性选择强度对眼球大小的影响。所有的分析均使用 inverse-Wishart 检验(V=1，v=0.002)，每个模型运行 5100000 次迭代，收敛 100000 次，间隔期为 5000 次，在运行模型时，检查样本的自相关性，确保其小于 0.1。使用 PGLS 将眼球大小作为反应变量，SSD 作为预测变量，SVL 作为协变量来检验 SSD 对眼球大小进化的影响。由于脑和眼球测量的误差相似，使用 R 软件 phytools 程序包(Revell，2009)中的普通最小二乘(ordinary least squares，OLS)回归检验 44 个物种眼球大小和脑大小与体重的异速生长(Kilmer and Rodríguez，2017)。当斜率(β)大于 1 时，其为正向异速生长，即随着体重的增加，眼球或脑的增加的速度比体重更快。

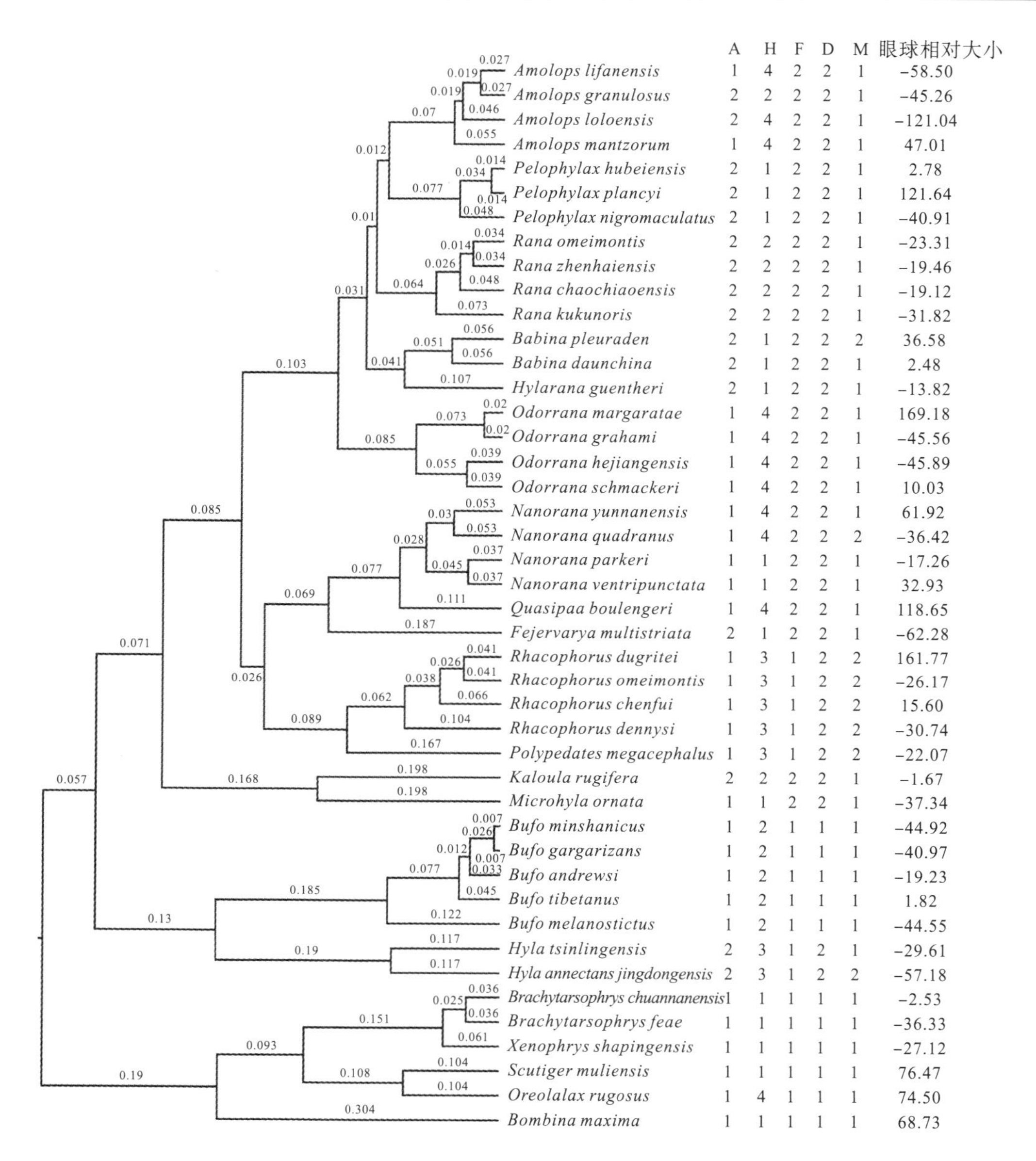

图 10-1　44 种两栖动物分子系统发育树

(A.活动时间；H.栖息地类型；F.取食行为；D.防御策略；M.婚配制度)

10.3　结　　果

MCMCglmm 模型显示生态和行为因素(活动时间、栖息地类型、取食行为、防御策略和婚配制度)对眼球相对大小的影响不显著(表 10-1)。利用独立模型单独检测生态和行为因素对眼球大小的影响，结果发现这些因素对眼球大小影响不显著(夜间活动，Post.mean=−0.014，CI 取−0.129～0.099，P_{mcmc}=0.810；陆栖，Post.mean=0.002，CI 取

−0.115～0.122，P_{mcmc}=0.960；缓慢靠近捕食，Post.mean=−0.085，CI 取−0.301～0.092，P_{mcmc}=0.404；无毒腺的物种，Post.mean=0.101，CI 取−0.131～0.321，P_{mcmc}=0.436；一妻多夫，Post.mean=0.011，CI 取−0.115～0.161，P_{mcmc}=0.872）。同样，草丛取食和林间取食的两栖动物的眼球大小差异不显著，生活在透明水中与生活在浑浊水中的两栖动物眼球大小的差异不显著(表 10-2)。

表 10-1 两栖动物活动时间、栖息地类型、取食行为、防御策略、婚配制度对眼球相对大小的影响

变量	Post.mean	<95% CI	>95% CI	P_{mcmc}
活动时间	−0.002	−0.136	0.131	0.998
栖息地类型	−0.041	−0.188	0.107	0.550
取食行为	−0.210	−0.490	0.051	0.128
防御策略	0.220	−0.106	0.510	0.166
婚配制度	−0.062	−0.222	0.088	0.446
身体大小	2.678	2.305	3.066	0.001

表 10-2 两栖动物光利用性与水流情况对眼球相对大小的影响

变量	*N*	Post.mean	<95% CI	>95% CI	P_{mcmc}
光利用性	18	0.127	−0.054	0.307	0.162
身体大小		2.667	2.099	3.214	<0.001
水流情况	26	0.073	−0.071	0.232	0.340
身体大小		2.599	2.050	3.162	<0.001

PGLS 模型表明眼球大小与 SSD 的相关性不明显(λ=0.653$^{<0.001,<0.001}$，β±SE=0.402±0.368，t=1.092，P=0.281)。眼球大小与体重表现出明显的异速生长，即随体重的增加，眼球相对减小(λ=0.696$^{0.002,\ <0.001}$，β±SE=0.750±0.071，t=10.587，P<0.001；标度因子=0.750)(图 10-2)。

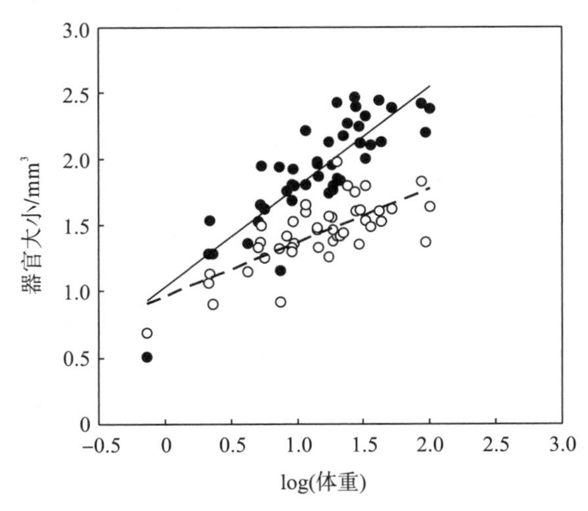

图 10-2 44 种两栖动物脑大小(空心圆和虚线)和眼大小(实心圆和实线)与体重的异速生长关系

脑大小也与体重呈异速生长(λ=0.658$^{0.008,<0.001}$，β±SE=0.428±0.058，t=7.264，P<0.001；标度因子=0.428)(图 10-2)，眼球大小与体重的异速生长比脑大小与体重的异速生长更明显(t=3.490，P<0.010)。当控制体重后，44 个物种的眼球相对大小与脑相对大小呈显著正相关(λ=0.349$^{0.081,<0.001}$，β±SE=0.596±0.133，t=4.479，P<0.001)(图 10-3)。

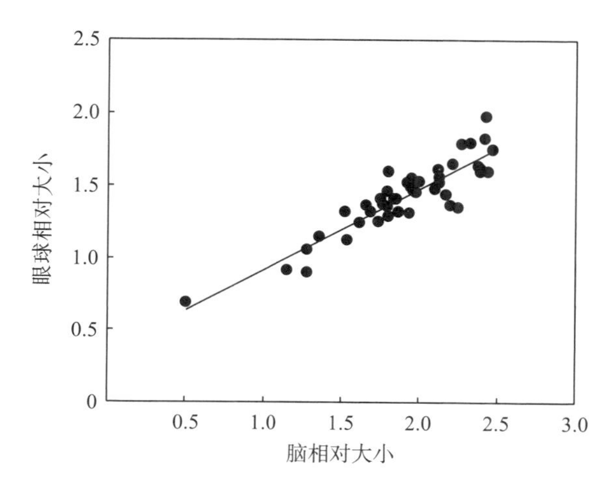

图 10-3　44 种两栖动物眼球相对大小与脑相对大小的相关性(β±SE=0.596±0.133)

10.4　讨　　论

通过检测生态和行为因素对两栖动物眼球大小的影响表明，两栖动物的眼球大小与活动时间、栖息地类型、取食行为、防御策略、婚配制度、光利用性、水的浑浊度的相关性不显著；两栖动物的眼球大小和脑大小均与体重呈异速生长，眼球大小与体重异速生长的标度因子明显大于脑大小与体重异速生长的标度因子；两栖动物眼球相对大小与脑相对大小的相关性明显，物种的脑越大，其眼球越大。

在早期的四足动物中，水生物种比陆地物种进化出的眼球更大，这可能与其为适应水下较弱的光线有关(MacIver et al.，2017)。与其他脊椎动物类群相比(Huber and Rylander，1992；Huber et al.，1997；Garamszegi et al.，2002)，两栖动物眼球大小变化与栖息地类型、光照可用性以及水的浑浊度无关，这可能是因为水栖和半水栖物种在水面上使用眼球的环境相似。动物的活动时间影响眼球大小的进化(Land and Nilsson，2012)，其能够掩盖生境的潜在影响，例如夜间活动的物种比白天活动的物种有更大的眼球，其目的是扩宽瞳孔，从而增加夜间的感光度(Martin，1985；Brooke et al.，1999)。两栖动物物种采集情况可能影响研究的结果，通常情况下，小尺度采集样品对物种形态指标的影响较小，通过大尺度的样品收集才能找到形态特征的显著性进化。因此，未来的研究需要从更广泛的地理和生态范围采集样本。两栖动物大多数物种均在夜间活动，本章研究的 44 个物种中，大多数物种在夜间取食和交配，少量物种在白天和夜晚同时活动(Fei et al.，2010)，这可解释为什么活动时间对眼球大小的影响不显著。两栖动物大多数物种均已进化出相对较大的眼球，活动时间可能掩盖两栖动物眼球对捕食压力和栖息地类型的适应性较低。因此，将来应收集更多的物种尤其是白天活动的物种来探讨活动时间对眼球大小的影响。

捕食者是捕食行为进化最强的选择压力（Garamszegi et al.，2002），鸟类面对的天敌压力越大，其进化的眼球越大（Møller and Erritzøe，2010），这可能是因为眼球越大的物种越早发现捕食者（Striedter，2005；Møller and Erritzøe，2010；Kotrschal et al.，2015a、b、c）。由于两栖动物不需要及时发现捕食者，依赖化学防御的物种将会减少对眼球的投入，因此具有毒腺的物种应该进化更小的眼球，然而，两栖动物眼大小与化学防御的研究结果不支持这种推理，因为物种毒腺是否存在与眼球大小无关。不同于鸟类，两栖动物眼球大小和捕食压力之间的关系不显著，其可能的原因是鸟类的眼球大小与飞行距离有关（Blumstein et al.，2004）。两栖动物捕食行为不影响眼球大小的进化，因此，无论两栖动物是猎物还是捕食者，其眼球大小似乎均与捕食行为无关。从鱼类到鸟类的各种类群，觅食行为与眼球大小存在明显的相关性（Ewert et al.，1983；Garamszegi et al.，2002；Dobberfuhl et al.，2005），例如大眼球的鸟类比小眼球的鸟类具有更积极的觅食行为和更强的视觉信息处理能力（Garamszegi et al.，2002）。觅食行为与眼球大小的进化机制在其他动物类群中得到了充分的解释（Ingle，1976；Collett，1977；Ewert et al.，1983；Tamura et al.，2013），两栖动物中积极觅食的物种与消极觅食的物种的眼球大小差异性不明显，表明主动觅食不能进化出更大的眼球。

身体大小是预测眼球大小最有代表性的指标，身体越大的动物通常具有更大的眼球。两栖动物眼球大小和身体大小的异速生长系数与多数脊椎动物相似，例如鸟类和哺乳动物眼球与身体大小异速生长的标度因子为 0.62～0.80（Brooke et al.，1999；Kiltie 2000；Garamszegi et al.，2002；Ross et al.，2006）。两栖动物眼球大小和身体大小异速生长的标度因子为 0.75，鲨鱼眼球与身体具有相似的异速生长特征（Lisney and Collin，2007）。大多数脊椎动物的眼球大小与脑大小呈显著正相关（Kiltie，2000；Garamszegi et al.，2002；Corral-López et al.，2017b），其原因是脊椎动物脑和眼球均与身体异速生长，同样，两栖动物眼球大小和脑大小呈正相关。为什么两栖动物眼球与身体的异速生长系数比脑与身体的异速生长系数更大呢？其可能的原因包括两方面：①两栖动物的视网膜是脑发育的产物；②两栖动物的变态过程导致了身体比例的剧烈变化（Wells，2007；Liao et al.，2016b）。脊椎动物的眼球与身体普遍存在异速生长，然而，两栖动物脑和眼球与身体异速生长的差异性显著，这种现象是否与变态过程有关还需要进行进一步研究。

鸟类的视觉信号在性选择过程中的重要性与眼球大小密切相关（Garamszegi et al.，2002）。两栖动物性选择强度对眼球大小的影响不显著，因为眼球大小与两性大小异形和婚配制度均不相关，因此，性选择对两栖动物眼球大小不存在重要的促进作用。生态和行为因素不能解释 44 种两栖动物眼球大小变化，同样，生态和行为因素对灯笼鱼类群眼球大小的影响不显著（de Busserolles et al.，2013）。

两栖动物眼球大小与体重进化密切相关，但它们与生态和行为因素无关，为了深刻理解生态和行为因素如何促进眼球大小的进化，需要对地理分布范围更广和更多的物种进行进一步调查。此外，两栖动物眼球相对大小与脑相对大小呈正相关关系，其可能与变态过程中身体发生深度重构有关。

10.5　小　　结

(1) 生态和行为因素(活动时间、栖息地类型、取食行为、防御策略、婚配制度)对两栖动物眼球大小的影响不显著，同样，光利用性、性选择强度和水的浑浊度与眼球大小的相关性不显著。

(2) 两栖动物眼球大小和脑大小与体重呈异速生长，眼球与体重的异速生长系数比脑与体重的异速生长系数更大，因为视网膜是脑发育的产物以及变态过程导致身体比例的剧烈变化。

(3) 两栖动物眼球相对大小与脑相对大小呈正相关，其可能与两栖动物变态过程中的身体变化有关。

第 11 章　两栖动物产卵点对脑大小进化的影响

11.1　两栖动物产卵点对脑大小进化的影响研究概况

脑是处理外界信息的主要器官，认知能力与脑区域大小密切相关（Smeets et al.，1997；Striedter，2005）。大量研究揭示了各种因素影响不同类群动物脑区域大小的变化（Huber et al.，1997；Sol et al.，2002；Garamszegi et al.，2005b；Dunbar and Shultz，2007；West，2014；Kruska，2014；Liao et al.，2015b），例如栖息地复杂性与鱼类的前脑和端脑大小呈正相关（Huber et al.，1997）。进化更大的脑需要以消耗更多的能量为代价（Allen and Kay，2012），食物的质量显著影响灵长类和食肉类动物的脑大小变化（Dunbar and Shultz，2007），同样也影响鱼类嗅脑和中脑大小的变化（Huber et al.，1997）。性选择、驯化和社会行为等施加的选择压力对脑区域大小有明显的影响（Sol et al.，2002；Garamszegi et al.，2005a；García-Peňa et al.，2013；Kruska，2014）。

两栖动物脑大小与栖息地类型、能否成功入侵、年龄和季节性密切相关（Taylor et al.，1995；Gonda et al.，2010；Amiel et al.，2011；Jiang et al.，2015；Liao et al.，2015b）。两栖动物合适的产卵地点可能会提高繁殖成功率和后代的存活率，不同类型的产卵点与不同的生活史需求（如产卵点到夏/冬居住地的迁移距离、生理耐受性）有关，而这些需求可能与认知需求有关。目前还缺乏验证脑和脑区域大小与产卵点相关性的研究。本章分析了 43 种两栖动物产卵点与脑大小及 5 个脑区域（嗅神经、嗅脑、端脑、中脑和小脑）大小的相关性。

本章的研究目的为：①分析 43 种两栖动物产卵点对脑大小进化的影响；②检验产卵点与嗅神经、嗅脑、端脑、中脑和小脑相对大小的相关性。

11.2　材料和方法

11.2.1　样品采集

本研究组于 2007～2013 年繁殖期在中国横断山区收集了 43 种两栖动物的 200 只雄性个体，由于某些物种很难捕捉到雌性，所以雌性数据没有计入统计分析。每个物种的样本数为 1～16 只，平均值为 4.6 只。把所有个体放在实验室的矩形（0.5m×0.4m×0.4m）罐子里，用单毁髓法处死，将处死个体保存在 4%磷酸盐缓冲福尔马林溶液中进行组织固定。经过两周到两个月的保存，用游标卡尺测量所有个体的身体大小，精确到 0.01mm，用电子天平测量个体的重量，精确到 0.1mg。取出每个个体的脑，用电子天平称重，精确到 0.01mg。根据 Liao 等(2013)的研究，将物种的产卵点分为 3 种类型：树上和陆地产卵(产卵主要集中在树上或地面，乳白色泡沫巢)；静水产卵(产卵主要集中在池塘中)；流水产卵(产卵主要集中在山溪流水中)。

11.2.2　脑的测量

首先，利用 Moticam2006 光学显微镜的 Motic Images 3.1 数码相机，以 400 倍放大率拍摄脑的背面、腹面、侧面的数字图像。其次，使用 tpsDig 1.37 软件测量数码照片中整脑及 5 个脑区域(嗅神经、嗅脑、端脑、中脑和小脑)的长度、宽度和高度，根据椭球模型公式[$V=(L\times W\times H)\pi/6\times1.43$]获得总脑和 5 个脑区的体积(Liao et al.，2015b)。每个个体脑大小重复测量 3 次，并用 3 次测量的平均值作为最终值，所有脑和脑区域的测量重复性显著(Liao et al.，2015b)。因为部分脑区域测量值小于 1，所以将所有脑及脑区域大小的数据乘以 1000 之后进行对数转换(Sokal and Rohlf，1995)。由于不同物种的身体大小存在显著差异，而身体较大的物种的脑更大(Liao et al.，2015b)，因此，分析过程中使用身体大小作为协变量来控制脑大小与身体大小的异速生长。

11.2.3　分子系统发育树的构建

首先，利用 Pyron 和 Wiens(2011)的系统发育树来重建 43 个物种的系统发育树，构建进化树的具体方法见 2.2 节。其次，重新划分产卵点，将其状态映射到系统发育树上。最后，使用最大简约 OSX(Zeng and Liu，2011)来估计系统发育的祖先节点中的变量状态。为了控制系统发育的影响，所有分析采用独立对照的比较分析(Purvis and Rambaut，1995)。

11.2.4　数据分析

以脑和脑区大小作为反应变量，产卵地点作为预测变量，体长作为协变量，使用多变量线性模型(MANCOVA)来检验产卵地点对脑大小变化的影响。

11.3　结　　果

两栖动物的产卵点类型复杂，通常情况下，水中产卵的物种明显多于树上和陆地产卵的物种。MANCOVA 表明产卵点对两栖动物脑区域相对大小没有显著的影响(产卵点：Wilks’ $\lambda_{6,33}=0.641$，$P=0.204$；身体大小：Wilks’ $\lambda_{6,33}=0.293$，$P<0.001$)。协方差分析表明，产卵点对脑、嗅脑、端脑、中脑和小脑相对大小的影响不显著(表 11-1)，对嗅神经相对大小影响显著，流水产卵的物种比其他产卵点的物种有更大的嗅神经($P<0.05$)(图 11-1)。

表 11-1　43 种两栖动物脑和脑区域相对大小与产卵点的相关性

反应变量	预测变量	平方和	自由度	均方	*F*	*P*
脑	产卵点	0.008	2	0.004	0.489	0.617
	体长	2.565	1	2.565	52.947	<0.001
嗅神经	产卵点	0.484	2	0.242	4.513	0.017
	体长	2.565	1	2.565	47.782	<0.001
嗅脑	产卵点	0.049	2	0.024	0.986	0.383
	体长	0.862	1	0.862	34.806	<0.001
端脑	产卵点	0.007	2	0.003	0.317	0.730
	体长	0.493	1	0.493	40.915	<0.001
中脑	产卵点	0.038	2	0.019	1.371	0.266
	体长	0.313	1	0.313	22.797	<0.001
小脑	产卵点	0.018	2	0.009	0.253	0.778
	体长	0.447	1	0.447	13.312	<0.001

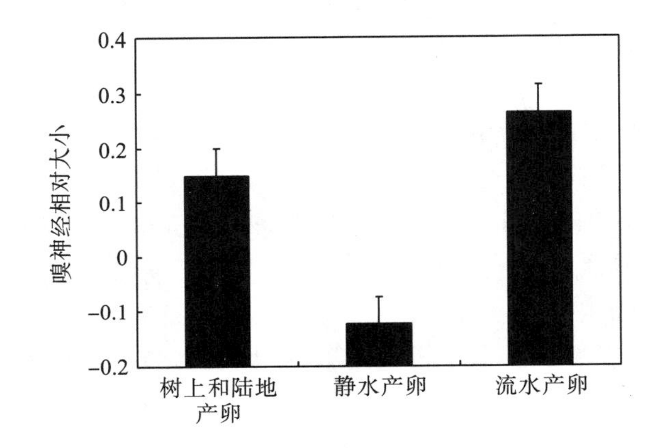

图 11-1　3 种产卵点 43 种两栖动物嗅神经相对大小的差异性

11.4　讨　　论

两栖动物产卵点解释了嗅神经相对大小的变化，流水产卵的物种比树上和陆地产卵、静水产卵的物种有更大的嗅神经，因此，这种关系支持自然选择导致产卵点的差异性有助于脑区域大小进化的论断。陆栖点与产卵点之间迁移距离的差异、生理耐受性和繁殖方式可能影响特定脑区域大小变化，43 个物种嗅神经的大小变化显著，其相差两个数量级。嗅神经的主要功能是接收嗅觉信号（Striedter，2005），但是，尚不清楚湍流产卵物种嗅神经大小的增加是否与其在湍流中的嗅觉能力有关。

比较研究发现生态因素可以解释不同类群动物脑大小进化的机制（Huber et al.，1997；Striedter，2005；Garamszegi et al.，2005b；Dunbar and Shultz，2007；Liao et al.，2015b），

例如栖息地复杂程度的增加可以促使鱼类前脑和端脑大小的增加(Huber et al.，1997)。在两栖动物中，栖息地类型对不同脑区域大小变化的影响显著，例如掘土的物种比蛙科动物有更大的嗅脑(Taylor et al.，1995)。此外，树栖物种比其他栖息地类别物种有更大的端脑，捕食风险影响中脑的大小，而食物质量影响端脑的大小(Liao et al.，2015b)。两栖动物产卵点仅影响嗅神经大小的进化，其支持“脑大小镶嵌进化假说”(Barton and Harvey，2000)。然而，产卵点对嗅脑、端脑、中脑和小脑的影响不显著，这可能与研究的物种数相对较少有关，将来需要利用更多物种数来探讨产卵点是否影响其脑区域大小的进化。

11.5　小　　结

(1)对 43 种两栖动物脑大小与产卵点的进化关系进行了研究，发现脑相对大小与产卵点的相关性不显著。

(2)分析了产卵点与嗅神经、嗅脑、端脑、中脑和小脑的进化关系，结果发现嗅神经相对大小与产卵点的相关性显著，支持“脑大小镶嵌进化假说”。

第12章　两栖动物脑大小与体重变异的进化关系

12.1　两栖动物脑大小与体重变异的进化关系研究概况

由于季节性变化导致食物短缺，大多数生活在季节性变化显著的栖息地的动物摄入的能量大大减少(van Woerden et al.，2014；Jiang et al.，2015)。为了应对这种“资源匮乏”时期的挑战，动物可能进化出生理或认知的缓冲策略。生理缓冲常常伴随新陈代谢速率降低和季节性活动下降(如冬眠)，其通常涉及脂肪储存量的增加，因为体内脂肪含量高的物种运动的能量消耗更大(Browning et al.，2006；Ghiani et al.，2015)，且其敏捷度的降低导致捕食压力增加(Dietz et al.，2007；Zamora-Camacho et al.，2014)，脂肪储存通常代表适合度的代价，因此，那些依靠储存脂肪来度过食物短缺时期的物种就不会那么活跃。然而，为了度过“资源匮乏”期，认知缓冲可能是一种替代生理缓冲的策略(Heldstab et al.，2016b，2018)，如果更强的认知能力有助于物种在食物短缺时期构想出新颖或灵活的解决方案(van Woerden et al.，2010)，那么物种可能进化出更强的认知能力和更大的脑。针对哺乳动物提出的生理缓冲策略与认知缓冲策略之间的权衡(脂肪-脑权衡)的观点，其表明脑大小与体重变异系数之间存在显著性负相关(Heldstab et al.，2016b)。由于缺乏对其他类群的研究，目前尚不清楚脑大小与脂肪的进化关系在脊椎动物中是否存在普遍性。

脑是脊椎动物体内最消耗能量的器官之一(Mink et al.，1981)，物种之间脑大小差异较大(Striedter，2005；Liao et al.，2015b)，这种差异通常与认知能力有关(Kotrschal et al.，2013b；Benson-Amram et al.，2016；Horschler et al.，2019)。脂肪是脊椎动物最普遍的能量储存形式，即使亲缘关系较近的物种也表现出相当大的差异(Navarrete et al.，2011；Heldstab et al.，2016b)，例如人类体重的12%～24%是脂肪，而黑猩猩脂肪所占的比例不到其体重的10%(Pontzer et al.，2012；Zihlman and Bolter，2015)。两栖动物经历了栖息地的季节性变化(Duellman and Trueb，1986)，其脂肪储存也表现出相当大的变化，例如物种的脂肪占体重的 0.7‰～17.2‰。部分研究已经揭示了驱动两栖动物脑大小进化的重要因素(Liao et al.，2015b；Wu et al.，2016；Luo et al.，2017；Zhong et al.，2018；Mai and Liao，2019)，因此，两栖动物是检验脑大小和脂肪储存关系的理想模式动物类群。本章利用 38 种两栖动物检验“脂肪-脑权衡假说”，使用一年内物种的体重变异系数(CV=标准差/平均值)作为脂肪储存能力的指标(Heldstab et al.，2016b)，用 $CV_{bodymass}$ 来表示。如果两栖动物支持“脂肪-脑权衡假说”，那么可以预测不同物种储存脂肪的能力($CV_{bodymass}$)和脑大小呈负相关。虽然两栖动物不同脑区域的功能意义尚不清楚，但是验证主要脑区域

大小和 $CV_{bodymass}$ 之间的关系是非常重要的，因此，预测大部分脑区域大小与 $CV_{bodymass}$ 之间的关系可以作为一种探索性研究。两栖动物端脑和中脑可能支配显著的认知过程(Liao et al.，2015b)，$CV_{bodymass}$ 与端脑和中脑大小之间的负相关可以检验两栖动物“脂肪-脑权衡假说”。

12.2　材料和方法

12.2.1　数据收集

根据以前研究的数据，共收集了 38 种两栖动物的总脑和 5 个主要脑区域(嗅神经、嗅脑、端脑、中脑和小脑)大小的数据(Yu et al.，2018)，总脑和脑区域大小测量参见 2.2 节(Zeng et al.，2016)。根据 2009～2018 年野外采集的 1110 只雄性体重计算两栖动物体重变异系数($CV_{bodymass}$)，3～9 月每个月收集一次物种活动期的体重。为了了解 $CV_{bodymass}$ 能否作为两栖动物脂肪储存能力的指标，利用 42 只泽陆蛙(*Fejervarya limnocharis*)的体重和脂肪体进行分析，结果发现 $CV_{bodymass}$ 可明显预测该物种的脂肪体(相关分析：r=0.872，n=42，P<0.001)。

12.2.2　分类变量

根据 Liao 等(2015b)对栖息地类型和捕食者风险的划分标准，将两栖动物栖息地类型分成四类：①树栖，物种大多数在树上生活和觅食；②陆栖，物种主要在陆地上生活和觅食；③半水栖，物种主要在水里和陆地上生活和觅食；④全水栖，物种主要在水里生活和觅食。本章在分析时将半水栖和全水栖物种合并为水栖物种。将捕食者风险分为三个等级：①高风险，面临哺乳动物、蛇或鸟类等高捕食压力的物种；②中等风险，很难被捕食者发现，并且具有较强逃避捕食者能力的物种；③低风险，具有很多捕食者不喜欢的毒腺，只被蛇捕食的物种。将后肢肌肉的重量作为两栖动物运动投入的指标，因为较强壮的后肢肌肉有利于躲避捕食者(Mi，2013)。

12.2.3　分子系统发育树的构建

以重组激活基因 1(*RAG1*)、视紫红质(*RHOD*)、酪氨酸酶(*TYR*)、细胞色素 b(*CYTB*)和线粒体核糖体基因大小亚基(*12S/16S*)为基础，重建了涵盖 38 个物种的分子系统发育树(图 12-1)，具体构建方法见 3.2 节。

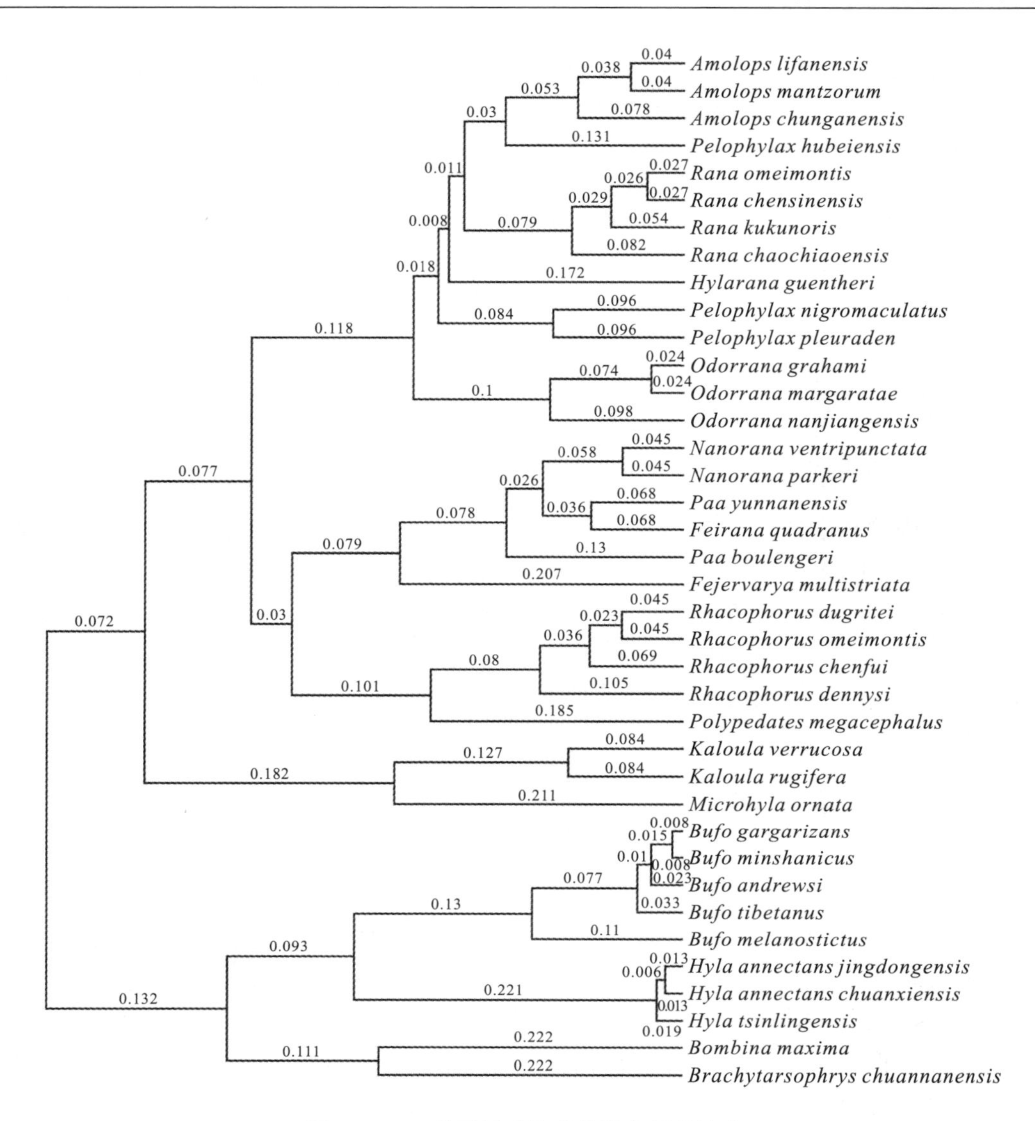

图 12-1 38 种两栖动物系统发育树的构建

12.2.4 数据分析

在分析之前，先将数据进行 log 转换，使用 R 软件 caper 包中的系统发育广义最小二乘(PGLS)模型解释模型残差的系统发育结构(Orme et al., 2012)。首先，将脑或脑区域大小作为反应变量，$CV_{bodymass}$ 作为预测变量，体重作为协变量，使用 PGLS 模型检验脑或脑区域大小与脂肪之间的关系。其次，将体重变异系数作为反应变量，栖息地类型、后肢肌肉重或者天敌风险作为预测变量，体重作为协变量，运用 PGLS 模型分析栖息地类型、后肢肌肉重或天敌风险对 $CV_{bodymass}$ 的影响。最后，将脑大小作为反应变量，$CV_{bodymass}$、栖息地类型、后肢肌肉重、天敌风险、$CV_{bodymass}$ 与栖息地类型的交互、$CV_{bodymass}$ 与后肢肌肉重交互以及 $CV_{bodymass}$ 与天敌风险的交互作为预测变量，体重作为协变量，分析栖息地类型、后肢肌肉重或天敌风险对脑大小与 $CV_{bodymass}$ 之间关系的影响。

12.3　结　　果

PGLS 模型揭示了 38 种两栖动物脑相对大小与 $CV_{bodymass}$ 呈显著负相关(图 12-2，表 12-1)，$CV_{bodymass}$ 与体重样本大小相关性不显著($\beta<0.001$，$t=0.395$，$R^2=0.004$，$P=0.695$，$\lambda<0.001^{1,<0.001}$)。体重与 $CV_{bodymass}$ 呈显著负相关 ($\beta=-0.095$，$t=-6.057$，$R^2=0.505$，$P<0.001$，$\lambda=0.087^{<0.001,0.004}$)，因此，脑大小与 $CV_{bodymass}$ 的负相关关系主要不是由体重引起的。

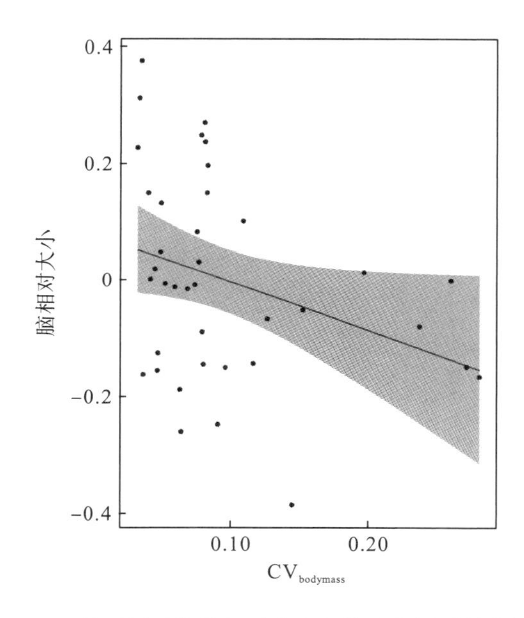

图 12-2　38 种两栖动物脑相对大小与体重变异系数的相关性

表 12-1　38 种两栖动物脑相对大小与体重变异系数的相关性

预测变量	脑大小				
	λ	β	t	R^2	P
体重变异系数	$<0.001^{1,<0.001}$	−1.940	−3.395	0.248	0.002
体重		0.285	3.341	0.242	0.002

当控制体重影响时，后肢肌肉重和天敌风险对 $CV_{bodymass}$ 的影响不显著，$CV_{bodymass}$ 较大的物种未表现出较轻的四肢肌肉重和较低的天敌风险(表 12-2)。后肢肌肉重、天敌风险、后肢肌肉重与体重的交互以及天敌风险与体重的交互对脑相对大小与 $CV_{bodymass}$ 的关系的影响不显著(表 12-3)。当检验不同栖息地类型中物种的 $CV_{bodymass}$ 和脑相对大小之间的关系时，陆栖和水栖物种 $CV_{bodymass}$ 与脑相对大小呈负相关($\beta=-1.791$，$t=-2.680$，$R^2=0.193$，$n=33$，$P=0.012$，$\lambda=0.292^{0.381,<0.001}$)，而树栖物种相关性不显著($\beta=-2.092$，$t=-0.741$，

R^2=0.216，n=5，P=0.536，λ<$0.001^{1,0.055}$)。同时，树栖物种、陆栖物种和水栖物种的 $CV_{bodymass}$ 差异性不显著(β=−0.021，t=−1.223，R^2=0.041，P=0.226，λ=$1^{<0.001,1}$)，而栖息地类型和栖息地类型与 $CV_{bodymass}$ 的交互均对脑相对大小和 $CV_{bodymass}$ 关系的影响不显著(表 12-3)。

表 12-2　38 种两栖动物体重变异系数与天敌风险和后肢肌肉重的相关性

预测变量	体重变异系数				
	λ	β	t	R^2	P
后肢肌肉重	$0.731^{0.070,0.004}$	−0.019	−0.705	0.019	0.487
体重		−0.079	−2.614	0.215	0.015
天敌风险	$0.862^{<0.001,0.005}$	−0.005	−0.300	0.003	0.766
体重		−0.092	−4.660	0.383	<0.001

表 12-3　两栖动物后肢肌肉重、天敌风险和栖息地类型对脑相对大小与体重变异系数关系的影响

预测变量	脑大小				
	λ	β	t	R^2	P
后肢肌肉重	$<0.001^{1,<0.001}$	−0.169	−1.485	0.087	0.151
体重		0.391	3.510	0.349	0.002
体重变异系数		−4.806	−2.253	0.181	0.034
体重变异系数×后肢肌肉重		1.361	1.593	0.099	0.125
天敌风险	$<0.001^{1,<0.001}$	−0.033	−0.395	0.005	0.695
体重		0.305	2.886	0.202	0.007
体重变异系数		−2.182	−1.614	0.073	0.116
体重变异系数×天敌风险		0.231	0.225	0.002	0.823
栖息地类型	$<0.001^{1,<0.001}$	0.045	0.953	0.027	0.348
体重		0.265	3.083	0.224	0.004
体重变异系数		−0.194	−0.143	<0.001	0.887
体重变异系数×栖息地类型		−0.864	−1.474	0.062	0.150

PGLS 模型表明 $CV_{bodymass}$ 与中脑和小脑的相对大小呈负相关(图 12-3)，与嗅神经、嗅脑和端脑相对大小的相关性不显著(表 12-4)。

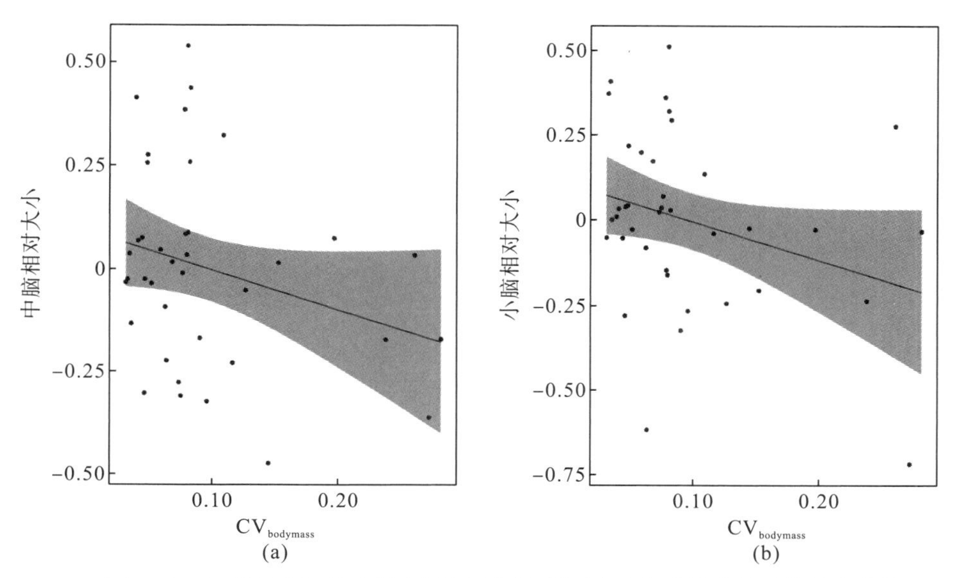

图 12-3　38 种两栖动物中脑(a)和小脑(b)相对大小与体重变异系数的相关性

表 12-4　两栖动物脑区域相对大小与体重变异系数的相关性

反应变量	λ	预测变量	β	t	R^2	P
嗅神经	$<0.001^{1,<0.001}$	体重变异系数	−1.229	−0.832	0.019	0.411
		体重	0.889	4.027	0.317	<0.001
嗅脑	$<0.001^{1,<0.001}$	体重变异系数	0.139	0.145	0.001	0.885
		体重	0.557	3.866	0.091	<0.001
端脑	$0.035^{0.866,<0.001}$	体重变异系数	−0.364	−0.504	0.007	0.618
		体重	0.361	3.397	0.248	0.002
中脑	$0.151^{0.587,<0.001}$	体重变异系数	−1.959	−2.202	0.122	0.034
		体重	0.207	1.633	0.071	0.111
小脑	$<0.001^{1,<0.001}$	体重变异系数	−2.666	−3.061	0.211	0.004
		体重	0.162	1.246	0.042	0.221

12.4　讨　　论

本章验证了变温动物脑大小与体重变异系数之间的进化关系，结果发现脑大小和体重变异系数呈显著负相关，其与哺乳动物的研究结果基本一致(Heldstab et al.，2016b)，证实了“脂肪-脑权衡假说”的预测，即两栖动物在波动环境下可以权衡生理缓冲和认知缓冲之间的关系，从而作为应对季节性饥饿的补偿策略。

在树栖哺乳动物中，脑大小和脂肪储存呈显著负相关(Heldstab et al.，2016b)，两栖动物也表现出了相似的结果，这表明脊椎动物依靠储存脂肪来度过“资源匮乏”期，其需要进化相对较小的脑。部分研究表明，脂肪储存的消耗包括运动成本和捕食风险(Browning et al.，2006；Ghiani et al.，2015；Heldstab et al.，2016b)，动物运动时，其肌肉组织将消耗大部分能量，被视为“高耗能器官”(Isler and van Schaik，2006a)。两栖动物主要使用后肢进行运动，肌肉重量是运动成本的一个指标，然而，两栖动物脑大小和后肢肌肉重不存在权衡，其不支持能量权衡的观点(Liao et al.，2016a)。在哺乳动物中，脂肪储存与运动成本和捕食者风险有关(Heldstab et al.，2016b)，这可能是因为体型大的个体运动会增加能量消耗(Browning et al.，2006；Ghiani et al.，2015)。由于敏捷性和速度下降，捕食者风险也会增加(Gosler et al.，1995；Dietz et al.，2007；Zamora-Camacho et al.，2014)，然而，两栖动物不支持这种推论，因为在两栖动物中代表捕食风险和运动成本的指标与体重变异系数之间的关系不显著。此外，在 38 种两栖动物中，运动成本和捕食者风险并没有影响脑大小和体重变异系数之间的关系，体重变化程度可能会因动物居住的栖息地类型而有所不同，例如与游泳或水平移动的物种相比，攀爬物种需要付出更高的脂肪成本(Alexander，2002；Hanna et al.，2008)。因为树栖物种比陆生物种有更高的脂肪运输成本，故树栖物种应该比陆栖或水栖物种更少依赖脂肪的储存。Heldstab 等(2016b)发现树栖哺乳动物是支持“脂肪-脑权衡假说”最有力的证据，同样，陆栖类和水栖类两栖动物也支持“脂肪-脑权衡假说”，而树栖类两栖动物不支持“脂肪-脑权衡假说”。目前尚不清楚导致这种差异性的原因，到底是由相对较少物种驱动了偶然性结果，还是反映了两栖动物真实的特征，这需要更多物种的数据来阐明。

在灵长类中，食物供应的季节性在很大程度上解释了脑大小的变化(van Woerden et al.，2014)，同样，两栖动物周期性食物短缺似乎限制了脑大小的进化(Luo et al.，2017)。脑是身体新陈代谢最旺盛的器官(Niven and Laughlin，2008)，其功能消耗的能量不能暂时降低(Karasov et al.，2004)，因此，增加身体的脂肪储存可以提供能量缓冲，以应对能量摄入的时间波动。两栖动物中更小的脑消耗能量更少，可以储存更多脂肪，其持续能量摄入的最低水平严重限制脑大小变化，因此，不稳定环境净能量摄入的减少应该导致脑容量减小，从而导致两栖动物冬眠。

脊椎动物的中脑是控制认知能力的重要脑区域之一(Striedter，2005)。两栖动物中脑和小脑相对大小与体重变异系数呈显著负相关，而哺乳动物皮层典型同源区域的端脑大小与体重变异系数呈负相关(Bruce and Neary，1995)，由此推测这也是一种权衡策略，即能源短缺时期的“生理”缓冲与“认知”缓冲的权衡。

12.5 小　结

(1)研究 38 种两栖动物体重变异系数($CV_{bodymass}$)和脑相对大小的进化关系，结果表明，脑相对大小与体重变异系数呈显著负相关，与“脂肪-脑权衡假说”的预测一致。

(2)陆栖类和水栖类两栖动物也支持“脂肪-脑权衡假说”，而树栖类两栖动物不支持“脂肪-脑权衡假说”。

(3)两栖动物的体重变异系数与中脑和小脑相对大小呈显著负相关，与哺乳动物端脑大小与体重变异系数的关系相似。

第 13 章　华西蟾蜍等物种脑大小的地理变异及影响因素

13.1　物种间脑大小的地理变异及影响因素研究概况

脑大小进化的比较研究主要探讨脑容量与生活史特征的关系(Harvey et al.，1980；Kotrschal et al.，1998；Marino，1998；Day et al.，2005；Avilés and Garamszegi，2007；van Woerden et al.，2012)。相对较大的脑的好处就是能提高认知能力(Deaner et al.，2007；Tomasello，2009；Reader et al.，2011)，脑大小的进化被大量的假说解释(Gonda et al.，2013)，其中，“认知缓冲假说”指出，相对较大的脑的优势是能够在变化的环境中增强认知能力(Lefebvre et al.，1997)。然而，“认知缓冲假说”未对较大的脑的认知好处和发育代价之间的权衡提供一个明确的解释(Striedter，2005)。相对较大的脑要么需要增加总的新陈代谢而消耗能量，要么需要减少对其他高耗能器官和身体功能的能量分配(Aiello and Wheeler 1995；Isler and van Schaik，2006a，2009)。因此，与“认知缓冲假说”相反，“脑高耗能假说”提出，动物在不稳定的环境中经历周期性的能量短缺时，相对脑容量会减小(van Woerden et al.，2010)。

脑大小进化主要包括同一类群不同物种的脑大小进化(Healy and Rowe，2007)和同一物种不同种群脑结构的差异性(Burns and Rodd，2008；Roth and Pravosudov，2009；Gonda et al.，2009a，2009b，2011；Park and Bell，2010)，例如九刺鱼嗅脑和端脑的相对大小与栖息地复杂性呈显著正相关，但其总脑和嗅脑大小与社群大小呈显著负相关(Gonda et al.，2009b)，而温带鸟类海马的体积与纬度呈正相关(Crispo and Chapman，2010)。尽管季节性相关的环境变化对脑大小进化有明显影响(Nottebohm，1981；van Woerden et al.，2010，2012)，但是尚无关于季节性变化对同一物种不同种群总脑和脑区域大小进化影响的研究。

华西蟾蜍(*Bufo andrewsi*)是一种中等大小的无尾两栖动物，其广泛分布在中国横断山脉的亚热带森林，分布海拔为 750～3500 m(Fei and Ye，2001)。研究者对华西蟾蜍和中华蟾蜍是作为独立种还是亚种的分类有效性存在争议(Macey et al.，1998；Frost，2013)，本章将华西蟾蜍视为独立种。华西蟾蜍的活动时间长度决定活动期和生长期，而活动时间长度又由海拔和纬度决定，随海拔的升高，华西蟾蜍活动期变短，变态体更大，生长速率变慢，寿命更长(Liao and Lu，2012；Liao et al.，2015a，2015b)。另外，随海拔降低，食物也更丰富，雄性个体有更多时间获取食物和进行繁殖(Liao and Lu，2009；Liao et al.，2014)。作为两栖动物的代表，华西蟾蜍展现出终生生长的特征。

沼水蛙(*Hylarana guentheri*)，蛙科水蛙属，该蛙生活于海拔 1100m 以下的平原或丘陵和山区。成蛙多栖息于稻田、池塘或水坑内，常隐蔽在水生植物丛间、山洞或杂草丛中，主要以昆虫为食。雄性前肢基部有肾脏形臂腺，有一对咽侧下外声囊，繁殖季节雄体通过鸣叫吸引雌性，繁殖时间持续 2 个月以上，属于延长繁殖物种(Wells，1977)。

泽陆蛙(*Fejervarya multistriata*)是叉舌蛙科陆蛙属两栖动物。夜间活动，白天和夜晚都能觅食，以凌晨前和黄昏后为觅食高潮。泽陆蛙是中国南方的常见蛙类，分布广，从沿海平原、丘陵地区至海拔 1700m 左右的山区都能见到它的踪迹。该蛙适应性强，生活在稻田、沼泽、水沟、菜园、旱地及草丛，繁殖季节长，是一年多次产卵的蛙类(Wells，1977)。

本章的研究目的：①调查不同海拔和纬度的 12 个华西蟾蜍、6 个沼水蛙和 6 个泽陆蛙种群的总脑和脑区域大小(嗅神经、嗅脑、端脑、中脑和小脑)的变化特征及环境影响因素；②通过分析总脑和脑区域大小与活动季节长度的关系来检验“认知缓冲假说”和“脑高耗能假说”的预测；③探讨华西蟾蜍总脑和脑区域大小与个体年龄的相关性。

13.2 材料和方法

13.2.1 野外取样

华西蟾蜍样本的采集于 2007～2013 年在中国横断山脉开展，共收集了 12 个种群的 174 个雄性个体，研究地点的详细信息见 Liao 和 Lu(2012)的研究。除了响古箐的 11 个个体和柯贡的 13 个个体外，其余 10 个种群均取样 15 个个体。所有个体都被带到实验室，分别放置在矩形(0.5m×0.4m×0.4m)水箱中，然后用苯佐卡因麻醉，并用单毁髓法处死，将每个个体保存在磷酸盐缓冲的 10%福尔马林缓冲液中固定。2 个月之后，用精确度为 0.01mm 的游标卡尺测量其身体的大小，然后解剖每个个体脑部，取出脑进一步测量。由于个体的体重数据不完整，因此分析过程均使用身体大小。

当日平均温度达到 6°C 时，华西蟾蜍冬眠结束，开始活动，活动期的长度随气候变化而改变(Liao，2009)。通过中国气象局(https://www.cma.gov.cn)提供的温度数据，计算每个种群的活动期长度，其按三个等级进行分类(长的为大于 270 天；中等的为 200～270 天；短的为小于 200 天)。

2012～2014 年繁殖季节在中国湖南、湖北、四川等地采集沼水蛙样品，共获得 6 个种群的 135 个雄性个体。根据 2011～2015 年 1～12 月的气象数据，收集了每个研究点的温度变异系数，温度变异系数与海拔和纬度的相关性不显著(海拔：$t=-1.439$，$P=0.224$；纬度：$t=-0.290$，$P=0.786$)。同时，记录了每个生长季节长度，其与海拔和纬度的相关性不显著(海拔：$t=2.450$，$P=0.070$；纬度：$t=-0.264$，$P=0.805$)。

2014～2015 年在中国海南、贵州、四川等地收集泽陆蛙样品，共获得 6 个种群的 116 个雄性个体。根据 2011～2015 年 1～12 月的气象数据，收集了每个研究点的温度变异系数，温度变异系数与海拔和纬度的相关性显著(海拔：$t=3.018$，$P=0.039$；纬度：$t=5.455$，$P=0.005$)。同时，记录了每个生长季节长度，其与海拔和纬度呈显著负相关(海拔：$t=-3.911$，$P=0.017$；纬度：$t=-6.592$，$P=0.003$)。

13.2.2　脑大小测量

华西蟾蜍、沼水蛙和泽陆蛙样品的解剖、脑图像收集和脑大小的测量均由同一个人单独完成。利用 Moticam 2006 光学显微镜上的 Motic Images 3.1 数码相机放大 400 倍拍摄脑的背面、腹面和侧面的数字图像，对于背侧和腹侧视图，需要确保脑水平和对称放置，防止一个脑半球挡住另一个脑半球，对于成对脑区域，只测量右半球的大小，两个半球总大小增大一倍即可。

脑容积的测量采用移水法(Scherle，1970；Mayhew et al.，1990)，具体来说，将 10 mL 水倒入一个量筒中，将 10 个脑放入量筒，记录水位的变化，其变化等于这 10 个脑的体积，重复测量 5 次，取平均值以提高测量的精确度。利用软件 tpsDig 1.37 测量数字照片中总脑、嗅神经、嗅脑、端脑、中脑和小脑的长度、宽度和高度，具体方法参考 Huber 等(1997)的研究。根据移水法以及脑的长度、宽度和高度获得脑容积的模型：$V=(L\times W\times H)\pi/(6\times1.43)$，然后使用模型计算出 174 个个体总脑和脑区域的容积，每个个体脑的大小测量 3 次，其测量的重复性相关性极显著($R>0.94$)。所有数据均经过 $\log_{10}$ 转换。由于部分脑区域度量值小于 1，对数转换之前将所有数据乘以 1000。

13.2.3　脑区域的功能

两栖动物脑区域主要功能如下：嗅脑接收嗅觉信号(Striedter，2005)；端脑为认知中心，处理所有感觉信息，并在方向运动和学习记忆中起重要作用(Taylor et al.，1995)；中脑的关键功能就是接收视觉信息，然后通过肾小球前区将其传递到端脑(Taylor et al.，1995)，两栖动物对猎物的定位和捕获主要是利用视觉进行的(Emerson，1976)；小脑是运动控制的中心，协调肌肉活动、运动和平衡(Taylor et al.，1995)，负责三维空间的运动(Llinás and Precht，1976)。

13.2.4　年龄确定

使用石蜡切片法和 Harris 苏木精染色法来确定每个个体的年龄(Liao and Lu，2010a)。首先选择髓腔最小、皮质骨最厚的趾骨的横截面(13μm)涂在玻璃板上，然后在光学显微镜下记录切片生长停滞线(LAGs)的数量，根据 Liao(2009)的方法鉴定重吸收线、假线和双重线。

13.2.5　数据分析

以脑容积为因变量，种群或季节性为固定因子，使用一般线性模型(generalized linear model，GLM)来检验脑容积的种群差异性，利用 Post-hoc LSD 检验短的、中等的和长的活动期之间脑容积的差异；以脑容积为因变量，种群与种群×协变量交互为固定因子，身体大小为协变量，使用 GLM 来检验身体大小和脑容积之间的异速生长关系；以脑容积为因变量，季节性类型为固定因子，种群为随机因素，身体大小为协变量，使用广义线性混合模型(generalized linear mixed model，GLMM)来检验季节性对脑大小的影响；同样，以脑容积为因变量，种群为固定因子，个体年龄和体长为协变量，使用 GLM 检验年龄和脑容积之间的关系。

以脑区域大小为因变量，种群为固定因素，身体大小和脑容量为协变量，使用多变量 GLM 比较种群之间脑区域大小的差异性，在多变量效应显著的情况下进行相关的单变量检验；以脑区域大小为因变量，季节性类型为固定因子，种群为随机因素，身体大小和脑容量为协变量，使用广义线性混合模型来检验季节性对脑区域大小的影响；以脑区域大小为因变量，年龄为固定因子，种群为随机因素，身体大小和脑容量为协变量，使用广义线性混合模型来检验年龄和脑区域大小的相关性。所有分析均使用 SPSS 21.0 统计软件包中的III型平方和检验进行。

13.3 结　　果

13.3.1 地理位置和季节性之间的联系

华西蟾蜍活动期与海拔和纬度呈显著负相关(海拔，r=−0.615, n=12，P=0.033；纬度，r=−0.727，n=12，P=0.007)，而海拔与纬度之间相关性不显著(r=−0.007，n=12，P=0.983)。因此，高海拔和高纬度地区华西蟾蜍的活动期短于低海拔和低纬度地区的活动期。

13.3.2 华西蟾蜍脑大小的变化

GLM 分析表明活动期长度($F_{2,171}$=15.648，P＜0.001)明显影响华西蟾蜍脑大小的变化，脑大小的种群变异显著($F_{11,171}$=18.567，P＜0.001)，Post-hoc LSD 显示，活动期中等的种群绝对脑容积最小，活动期短的种群脑容积最大。脑容量与身体大小呈显著正相关($F_{1,170}$=58.145，P＜0.001)，与种群和交互的相关性不显著(GLM：种群，$F_{11,170}$=1.161，P=0.100；身体大小×种群，$F_{1,170}$=1.674，P=0.085)。脑大小与身体大小呈正的异速生长关系(β =−1.376，SE[β]=0.090，P＜0.001)(图 13-1)。

13.3.3 华西蟾蜍相对总脑和脑区域大小的变化

活动期长度明显影响华西蟾蜍脑相对大小的变化(GLM：$F_{11,170}$=5.207，P＜0.001；身体大小：$F_{1,170}$=66.413，P＜0.001)(表 13-1)，脑相对大小的种群变异显著(GLM：$F_{2,117}$=6.932，P=0.001；身体大小：$F_{1,117}$=194.803，P＜0.001)。活动期长的种群的脑相对大小比活动期中等和活动期短的种群更大，而活动期中等和活动期短的种群的相对脑体积差异不显著(图 13-2)。

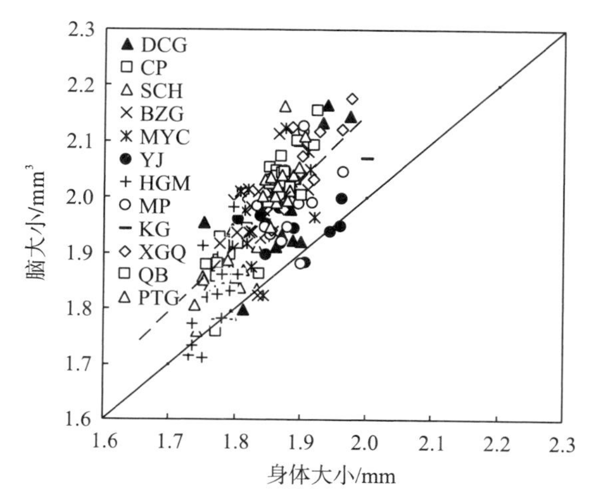

图 13-1　华西蟾蜍不同种群脑大小与身体大小的异速生长关系

注：DCG 等表示不同地理种群的名称即采样地点的名称缩写。

表 13-1　种群和季节性因素对华西蟾蜍嗅脑、中脑和小脑大小变化的影响

反应变量	预测变量	随机因素		固定因素		
		Z	P	df	F	P
嗅脑	种群	0.366	0.714			
	残差	7.043	<0.001			
	季节性			2,9.867	11.032	0.003
	脑大小			1,138.276	8.122	0.0005
	身体大小			1,98.118	20.288	<0.001
中脑	种群	1.846	0.065			
	残差	8.058	<0.001			
	季节性			2,14.536	4.341	0.021
	脑大小			1,164.524	23.935	<0.001
	身体大小			1,163.894	1.489	0.224
小脑	种群	1.958	0.050			
	残差	8.086	<0.001			
	季节性			2,14.959	0.945	0.411
	脑大小			1,162.367	12.454	0.001
	身体大小			1,164.615	0.210	0.647

多变量 GLM 模型揭示了活动期长度与种群(Wilks’ $\lambda_{55,707.160}=0.203$，$P<0.001$)、身体大小(Wilks’ $\lambda_{5,152}=0.935$，$P=0.068$)和脑容量(Wilks’ $\lambda_{5,152}=0.744$，$P<0.001$)的相关性显著。协方差分析表明，活动期长度与嗅脑相对大小($F_{2,170}=12.726$，$P<0.001$)、中脑相对大小($F_{2,170}=4.583$，$P=0.012$)和小脑相对大小($F_{2,170}=8.728$，$P<0.001$)的相关性明显。虽然 GLMM 揭示了活动期长度与小脑相对大小相关性不显著(表 13-1，图 13-2)，但与嗅脑和中脑的相对大小相关性显著(表 13-1)，即活动期长的种群比活动期长度中等和活动期短的种群有更大的嗅脑和中脑(图 13-2)。

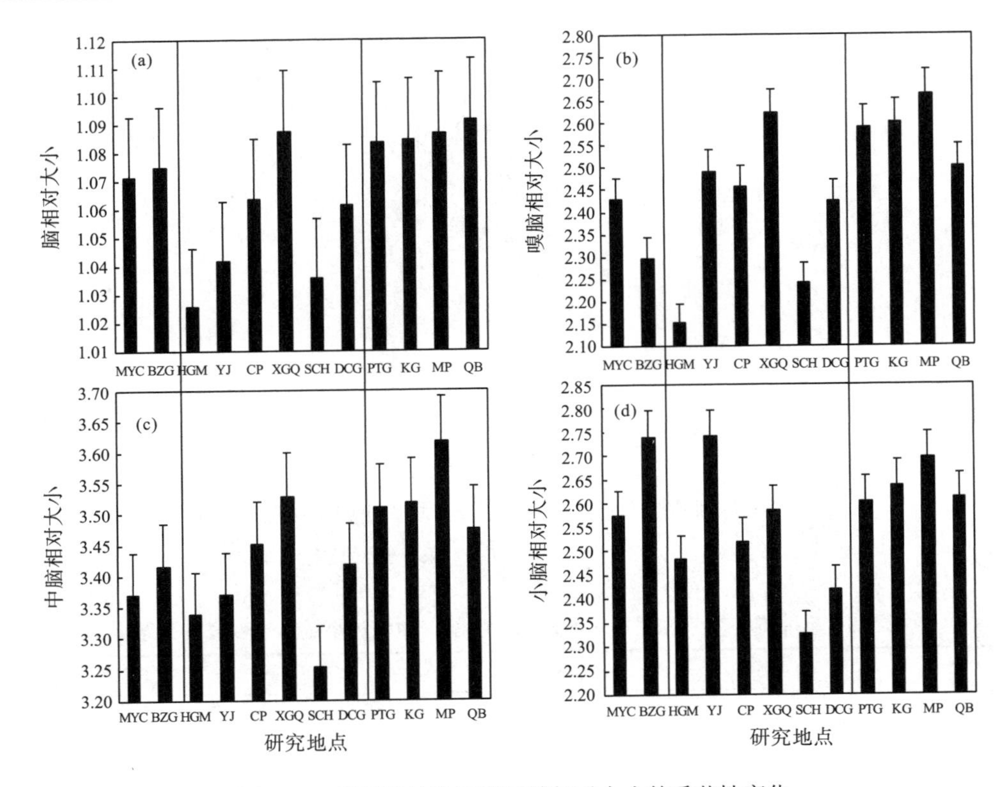

图 13-2 华西蟾蜍脑和脑区域相对大小的季节性变化

13.3.4 华西蟾蜍年龄与脑和脑区域大小的关系

华西蟾蜍个体年龄与脑相对大小呈显著正相关(GLMM：$F_{1,139.707}$=15.293，P<0.001；SVL：$F_{1,100.747}$=53.926，P<0.001；种群(年龄)：Z=1.709，P=0.87)，表明年龄较大的个体有相对更大的脑，这种关系在种群间变化不显著(r=0.136，P=0.691)(图 13-3)。然而GLMM 分析显示，当控制身体大小和脑大小的影响时，个体年龄对脑区域相对大小的影响不显著(表 13-2)。

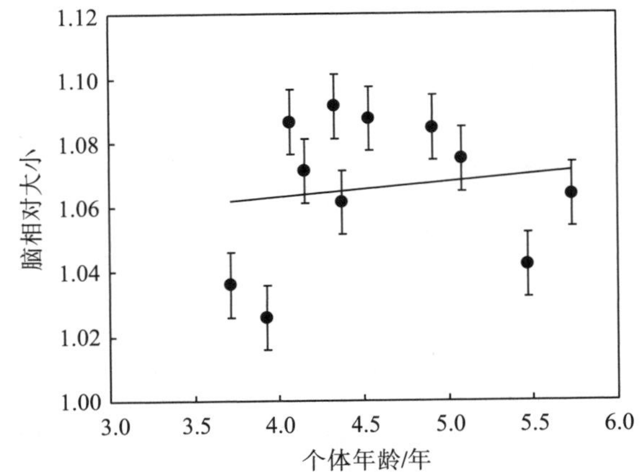

图 13-3 华西蟾蜍脑相对大小与个体年龄的相关性

表 13-2　华西蟾蜍脑区域大小与年龄的相关性

变量		随机因素				固定因素		
		VAR	SE	*Z*	*P*	df	*F*	*P*
嗅脑	种群	0.0020	0.0021	0.928	0.354			
	残差	0.0310	0.0038	8.073	<0.001			
	个体年龄					1,121.381	0.105	0.747
	脑大小					1,119.999	5.767	0.018
	身体大小					1,112.614	21.265	<0.001
前脑	种群	0.0056	0.0034	1.658	0.097			
	残差	0.0218	0.0027	8.071	<0.001			
	个体年龄					1,139.281	0.276	0.600
	脑大小					1,138.203	14.315	<0.001
	身体大小					1,132.219	0.615	0.434
端脑	种群	0.0036	0.0019	1.870	0.062			
	残差	0.0086	0.0011	8.079	<0.001			
	个体年龄					1,139.958	0.697	0.405
	脑大小					1,139.952	29.880	<0.001
	身体大小					1,137.609	1.730	0.191
中脑	种群	0.0035	0.0020	1.761	0.078			
	残差	0.0092	0.0011	8.056	<0.001			
	个体年龄					1,140.000	0.779	0.379
	脑大小					1,139.778	18.010	<0.001
	身体大小					1,136.417	2.685	0.104
小脑	种群	0.0124	0.0061	2.029	0.042			
	残差	0.0125	0.0016	8.065	<0.001			
	个体年龄					1,137.558	1.602	0.208
	脑大小					1,138.329	11.209	0.001
	身体大小					1,139.854	1.118	0.292

13.3.5　沼水蛙脑及脑区域大小的变化

一般广义混合模型解释了脑相对大小在种群之间和两性之间差异不显著(种群：Z=1.426，P=0.156；性别：$F_{1,127.523}$=0.143，P=0.706)，而身体大小与脑大小相关性极显著($F_{1,130.082}$=28.764，P<0.001)。身体大小和脑大小的回归分析揭示了雌体和雄体身体大小存在异速生长(雄性：β=1.636，SE[β]=0.241，P<0.001；雌性：β=1.057，SE[β]=0.221，P<0.001)。脑相对大小与温度变异系数和生长季节长度的相关性不显著(温度变异系数：$F_{1,3.027}$ = 0.022，P=0.890；生长季节长度：$F_{1,3.150}$=0.952，P=0.398)(图 13-4、图 13-5)。

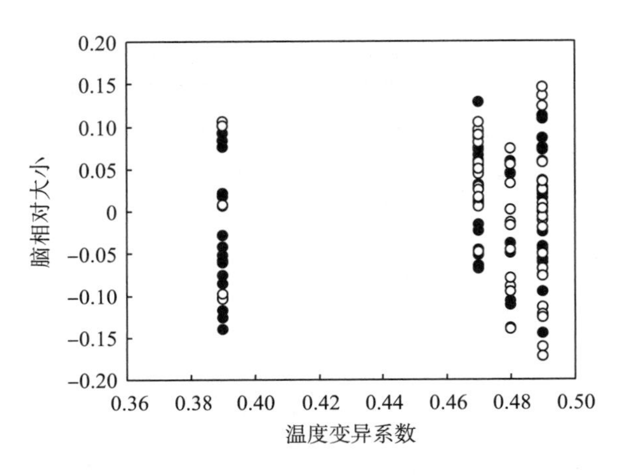

图 13-4 沼水蛙脑相对大小与温度变异系数的相关性(雄体：实心圆；雌体：空心圆)

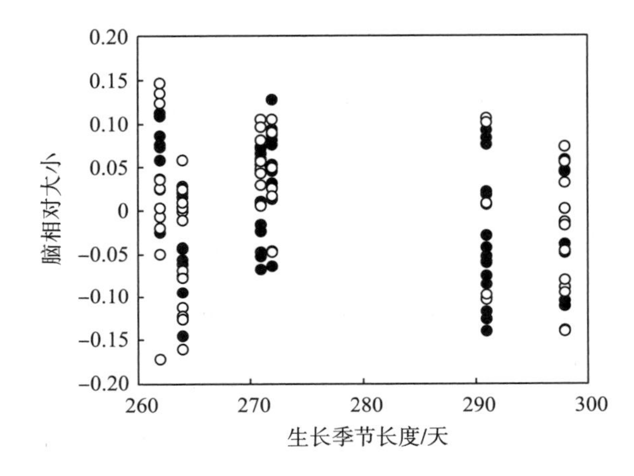

图 13-5 沼水蛙脑相对大小与生长季节长度的相关性(雄体：实心圆；雌体：空心圆)

沼水蛙不同种群嗅神经、嗅脑、端脑和中脑的相对大小的差异性显著(表 13-3)，脑区域的相对大小均与温度变异系数和生长季节长度的相关性不显著(表 13-4)。

表 13-3 种群和性别对沼水蛙脑区域大小的影响

反应变量	预测变量	平方和	自由度	均方	*F*	*P*
嗅神经	种群	0.231	5	0.046	1.602	0.165
	性别	0.058	1	0.058	2.000	0.160
	种群×性别	0.174	5	0.035	1.208	0.309
	身体大小	0.181	1	0.181	6.274	0.014
嗅脑	种群	0.439	5	0.088	7.454	<0.001
	性别	0.001	1	0.001	0.054	0.816
	种群×性别	0.023	5	0.005	0.392	0.853
	身体大小	0.215	1	0.215	18.232	<0.001

续表

反应变量	预测变量	平方和	自由度	均方	F	P
端脑	种群	0.377	5	0.075	6.064	<0.001
	性别	0.002	1	0.002	0.184	0.669
	种群×性别	0.024	5	0.005	0.389	0.856
	身体大小	0.076	1	0.076	6.087	0.015
中脑	种群	0.274	5	0.055	8.744	<0.001
	性别	<0.001	1	<0.001	0.030	0.863
	种群×性别	0.025	5	0.005	0.811	0.544
	身体大小	0.033	1	0.033	5.202	0.024
小脑	种群	0.157	5	0.031	1.285	0.275
	性别	0.069	1	0.069	2.818	0.096
	种群×性别	0.061	5	0.012	0.499	0.776
	身体大小	0.036	1	0.036	1.476	0.227

表 13-4　温度变异系数与生长季节长度对沼水蛙脑区域大小的影响

反应变量	预测变量	随机因素				固定因素		
		VAR	SE	Z	P	df	F	P
嗅神经	种群	0.0019	0.0030	0.617	0.537			
	残差	0.0292	0.0037	7.915	<0.001			
	温度变异系数					1,2.424	0.015	0.913
	生长季节长度					1,2.919	0.387	0.579
	性别					1,126.993	1.276	0.261
	身体大小					1,71.072	15.875	<0.001
嗅脑	种群	0.0047	0.0042	1.104	0.270			
	残差	0.0115	0.0014	7.940	<0.001			
	温度变异系数					1,3.074	0.122	0.749
	生长季节长度					1,3.257	0.610	0.488
	性别					1,126.450	0.114	0.736
	身体大小					1,127.798	21.690	<0.001
端脑	种群	0.0038	0.0036	1.054	0.292			
	残差	0.0121	0.0015	7.937	<0.001			
	温度变异系数					1,2.993	0.011	0.923
	生长季节长度					1,3.216	1.526	0.299
	性别					1,126.479	0.317	0.575
	身体大小					1,125.605	9.260	0.003
中脑	种群	0.0033	0.0029	1.127	0.260			
	残差	0.0062	0.0008	7.939	<0.001			
	温度变异系数					1,3.040	0.308	0.617
	生长季节长度					1,3.184	0.016	0.906

续表

反应变量	预测变量	随机因素				固定因素		
		VAR	SE	Z	P	df	F	P
中脑	性别					1,126.341	0.121	0.729
	身体大小					1,128.752	8.728	0.004
小脑	种群	0.0007	0.0014	0.476	0.634			
	残差	0.0240	0.0030	7.951	＜0.001			
	温度变异系数					1,3.535	0.026	0.881
	生长季节长度					1,4.475	1.395	0.297
	性别					1,128.053	3.482	0.064
	身体大小					1,57.330	2.944	0.092

13.3.6 泽陆蛙脑及脑区域大小的变化

泽陆蛙脑大小在种群之间和两性之间存在显著性差异(种群：$F_{5,116}$=14.405，P＜0.001；性别：$F_{1,116}$=16.433，P＜0.001)(表 13-5)。LSD 分析表明遂宁种群脑容量最小，万宁种群脑容量最大(图 13-6)。脑大小与身体大小呈显著正相关(雄性：$F_{1,58}$=20.568，P＜0.001；雌性：$F_{1,58}$=71.515，P＜0.001)，身体大小和脑大小呈异速生长(雌性：β=0.884，SE[β]=0.195，P＜0.001；雄性：β=0.453，SE[β]=0.054)。性别和种群的交互作用对脑大小的影响不显著(性别×种群：$F_{5,116}$=0.681，P=0.639)。

表 13-5 泽陆蛙种群和性别对脑区域大小的影响

反应变量	预测变量	平方和	斜率	SE	自由度	均方	F	P
嗅神经	种群	0.908	0.234	0.069	5	0.182	5.449	＜0.001
	性别	0.070	−0.053	0.037	1	0.070	2.109	0.149
	身体大小	0.312	1.005	0.329	1	0.312	9.343	0.003
嗅脑	种群	0.046	0.019	0.065	5	0.009	0.307	0.908
	性别	0.001	−0.007	0.035	1	0.001	0.046	0.830
	身体大小	0.513	1.289	0.310	1	0.513	17.295	＜0.001
端脑	种群	0.243	0.138	0.040	5	0.049	4.428	0.001
	性别	0.054	−0.047	0.021	1	0.054	4.918	0.029
	身体大小	0.213	0.831	0.189	1	0.213	19.399	＜0.001
中脑	种群	0.052	0.022	0.036	5	0.010	1.112	0.359
	性别	0.020	−0.029	0.019	1	0.020	2.165	0.144
	身体大小	0.166	0.734	0.174	1	0.166	17.853	＜0.001
小脑	种群	1.123	0.111	0.053	5	0.225	11.441	＜0.001
	性别	0.034	−0.028	0.037	1	0.034	1.723	0.192
	身体大小	0.130	0.650	0.252	1	0.130	6.643	0.011

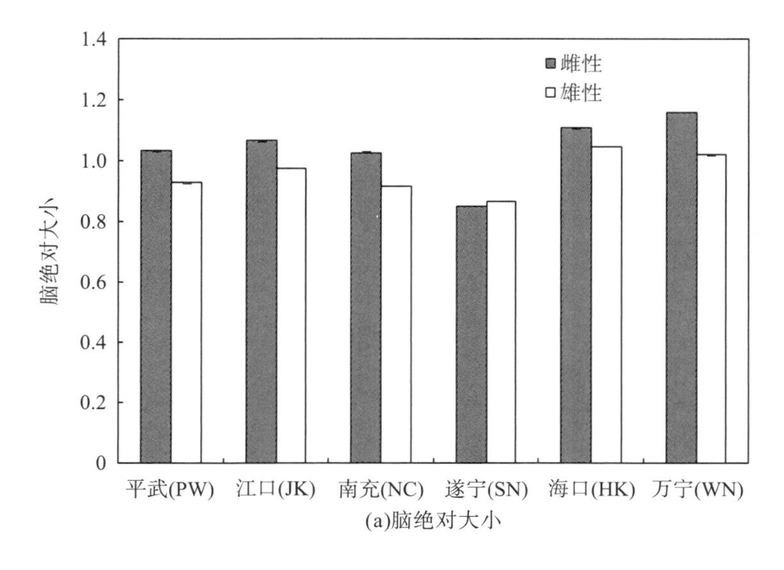

(a)脑绝对大小

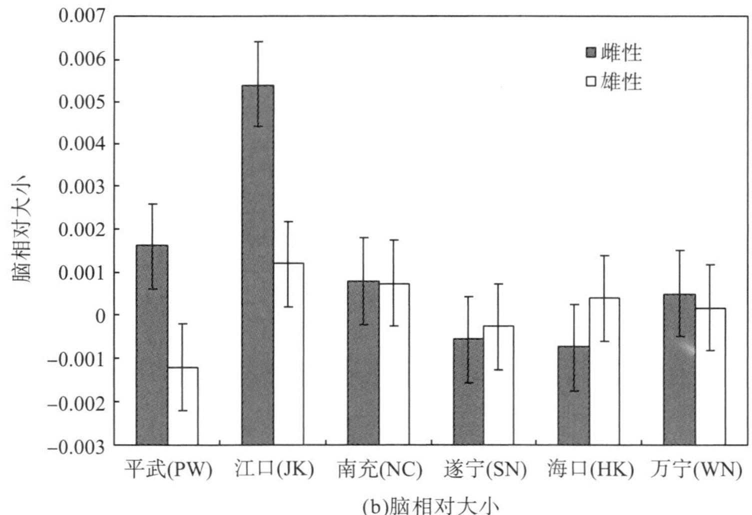

(b)脑相对大小

图 13-6　雌雄泽陆蛙脑绝对大小与脑相对大小的种群变化

脑相对大小在种群之间和两性之间差异显著(种群：$F_{5,116}$=2.452，P=0.038；性别：$F_{1,116}$=4.880，P=0.029)，江口种群比其他种群有更大的脑(图 13-6)。GLMM 表明脑相对大小的变化与性别明显相关($F_{1,110.87}$=4.062，t=−2.015，P=0.046)。在平武、江口和万宁种群中，雌性比雄性有更大的脑(图 13-6)，然而，脑相对大小与海拔和纬度的相关性不显著(海拔：$F_{1,2.450}$=3.374，t=1.837，P=0.184；纬度：$F_{1,3.156}$=4.696，t=−2.167，P=0.114)。此外，脑相对大小与温度变异系数和生长季节长度的相关性不显著(温度变异系数：$F_{1,2.541}$=0.819，t=−0.905，P=0.443；生长季节长度：$F_{1,2.505}$=0.662，t=−0.814，P=0.486)。

GLM 揭示泽陆蛙嗅神经、端脑和小脑相对大小的种群差异性显著。GLMM 揭示端脑和小脑相对大小与纬度呈显著负相关(表 13-6，图 13-7)。此外，小脑相对大小与海拔相关性显著(表 13-6，图 13-8)，然而，泽陆蛙脑区域大小与温度变异系数和生长季节长度相关性不显著(表 13-7)。

表 13-6 海拔、纬度和性别对泽陆蛙脑区域大小的影响

反应变量	预测变量	斜率	SE	自由度	F	P
嗅神经	纬度	−0.016162	0.016547	1,3.106	0.954	0.398
	海拔	0.000370	0.000288	1,2.807	1.653	0.294
	性别	−0.048755	0.036583	1,109.442	1.776	0.185
	身体大小	1.100096	0.320139	1,108.323	11.808	0.001
嗅脑	纬度	−0.002408	0.000046	111.000	0.150	0.110
	海拔	0.000018	0.000001	111.000	0.033	0.140
	性别	−0.007586	0.000038	111.000	0.012	0.051
	身体大小	−0.142139	0.000818	111.000	28.855	<0.001
端脑	纬度	−0.017754	0.005201	1,3.471	11.650	0.034
	海拔	0.000213	0.000086	1,2.688	6.156	0.099
	性别	−0.043130	0.020799	1,110.944	4.300	0.040
	身体大小	0.907891	0.172356	1,62.770	27.747	<0.001
中脑	纬度	−0.000763	0.000015	111.000	1.680	0.198
	海拔	0.000006	0.000000	111.000	3.182	0.077
	性别	−0.002405	0.000012	111.000	1.589	0.210
	身体大小	−0.045070	0.000259	111.000	30.487	<0.001
小脑	纬度	−0.001610	0.000031	111.000	46.123	<0.001
	海拔	0.000012	0.000000	111.000	53.391	<0.001
	性别	−0.005072	0.000026	111.000	2.304	0.132
	身体大小	−0.095042	0.000547	111.000	6.490	0.012

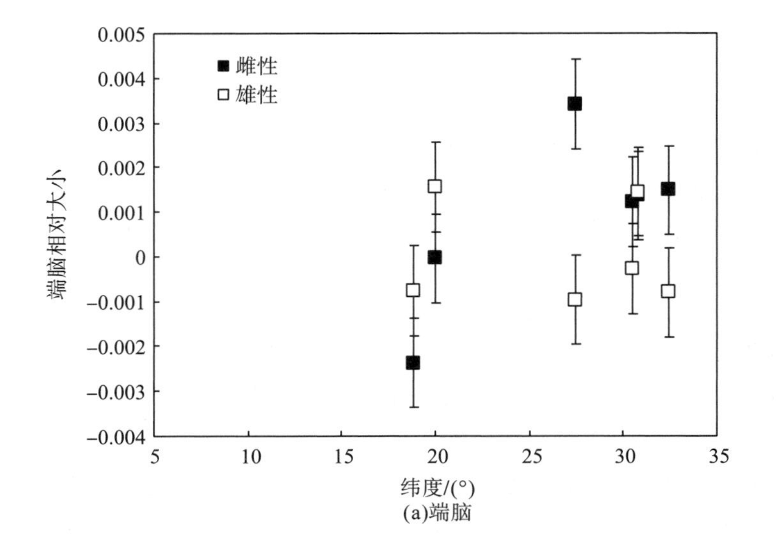

(a)端脑

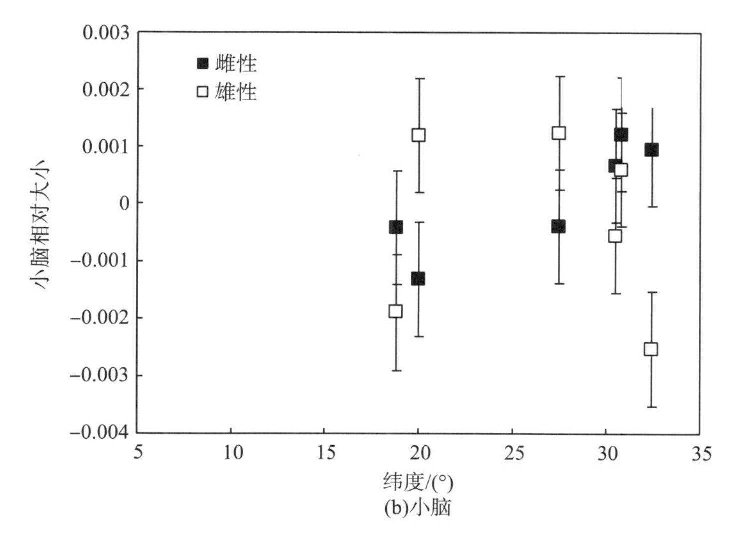

图 13-7　纬度对泽陆蛙端脑和小脑相对大小的影响

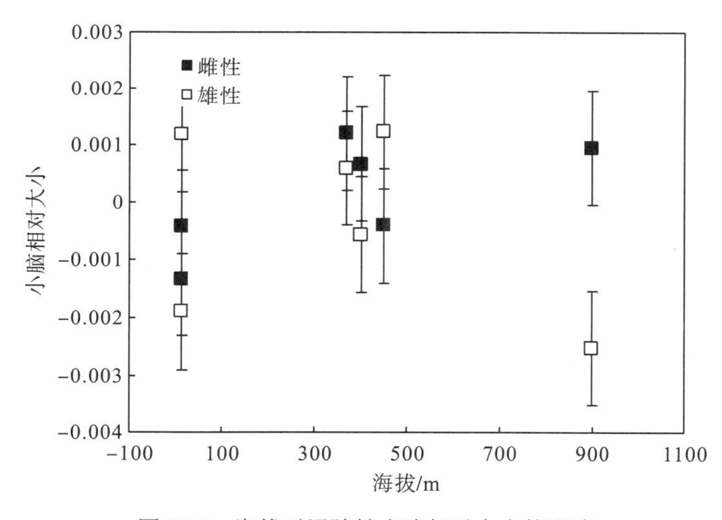

图 13-8　海拔对泽陆蛙小脑相对大小的影响

表 13-7　温度变异系数、生长季节长度和性别对泽陆蛙脑区域相对大小的影响

反应变量	预测变量	斜率	SE	自由度	F	P
嗅神经	温度变异系数	−0.057681	0.649772	3,7.747	0.008	0.930
	生长季节长度	−0.000273	0.000864	1,10.761	0.100	0.752
	性别	−0.046507	0.036864	1,08.665	1.592	0.210
	身体大小	1.125331	0.318741	1,07.542	12.465	0.001
嗅脑	温度变异系数	−0.075417	0.490452	1,11.000	0.024	0.878
	生长季节长度	0.001932	0.000749	1,11.000	<0.001	0.979
	性别	−0.004385	0.033667	1,11.000	0.017	0.897
	身体大小	1.345241	0.254393	1,11.000	27.964	<0.001

续表

反应变量	预测变量	斜率	SE	自由度	*F*	*P*
端脑	温度变异系数	−0.330925	0.362126	4,4.097	0.835	0.366
	生长季节长度	−0.000169	0.000494	1,10.986	0.118	0.732
	性别	−0.042313	0.021128	1,08.981	4.011	0.048
	身体大小	0.912524	0.181416	1,03.881	25.301	<0.001
中脑	温度变异系数	−0.260193	0.293695	5,9.834	0.785	0.379
	生长季节长度	−0.000375	0.000437	1,00.069	0.735	0.393
	性别	−0.024346	0.019133	1,10.683	1.619	0.206
	身体大小	0.797692	0.153687	5,8.778	26.940	<0.001
小脑	温度变异系数	−0.683360	0.554196	2,2.265	1.520	0.230
	生长季节长度	−0.000820	0.000663	1,09.570	1.530	0.219
	性别	−0.032730	0.028166	1,08.091	1.350	0.248
	身体大小	0.675322	0.247047	1,10.997	7.472	0.007

13.4 讨　　论

华西蟾蜍总脑和脑区域相对大小的种群变化显著，种群的活动期越短，其脑相对越小，这表明活动期长度引起的能量限制是影响脑大小进化的重要因素，支持了“脑高耗能假说”。个体年龄与脑相对大小呈显著正相关，这表明较短活动期导致性成熟年龄延迟，其代价通过延长脑较大个体的繁殖寿命来补偿。虽然沼水蛙和泽陆蛙总脑和脑区域相对大小的种群差异性显著，但是脑大小种群变化不支持“脑高耗能假说”。

大量研究表明，鸟类和哺乳类进化较大的脑是为了应对新的生态挑战(Sol and Lefebvre，2000；Shultz et al.，2005；Sol et al.，2008)，但是，为了从这些优势中受益，灵长类动物维持更大的脑需要克服能量代价(van Woerden et al.，2012)，华西蟾蜍脑大小的变化与不同种群的活动期长度显著相关。尽管不同类群物种脑相对大小存在明显变化(Yopak et al.，2010；Gonda et al.，2011)，但是脑绝对大小和脑相对大小均可解释行为能力的差异(Reader and Laland，2002)。一般来说，脑绝对大小的增加是通过增加神经元数量而不是神经元大小，从而导致脑大小与身体大小之间的联系(Striedter，2005)。因此，延长生长季节的种群个体具有较大的身体和脑容量。在哺乳动物中，对脑大小的定向选择通常高于对身体大小的定向选择(Striedter，2005；Gonzalez-Voyer et al.，2009a)，因此，脑大小与身体大小之间的异速生长可能是身体大小的分化所致。

与脑绝对大小相似，生长季节较长的华西蟾蜍种群有相对较大的脑容量。在鸟类中，环境恶劣程度和迁徙行为与海马的神经元大小和数量呈正相关(Pravosudov et al.，2006；Roth and Pravosudov，2009)。常见环境中饲养的鱼类，其脑区域大小存在种内变化(Burns and Rodd，2008；Gonda et al.，2011)。低海拔和低纬度分布的两栖动物经历了更长的生长期，其更容易获得更多的食物(Wells，2007)。事实上，与活动期长度相关的约束条件可以解释华西蟾蜍脑和脑区域相对大小的种群变化，这在很大程度上支持了“脑高耗能假说”。

当动物更容易应对可利用食物减少的情况时，“认知缓冲假说”的影响最为明显（van Woerden et al.，2012），如古北界鸟类脑大小对认知的影响胜过能量限制的影响（Sol et al.，2007）。南美鹦鹉脑相对大小与环境季节性呈显著正相关（Schuck-Paim et al.，2008），表明认知的影响强于能量限制的影响。然而，小型哺乳动物脑相对大小和环境季节性之间呈显著负相关（van Woerden et al.，2012），其与鸟类的研究结果相反。温带两栖动物通过增加冬眠期来适应较短的季节，从而有利于觅食、生长和繁殖（Wells，2007），这可以解释华西蟾蜍脑大小进化与“认知缓冲假说”不一致的问题。捕食压力影响牛科动物和鱼脑大小的进化（Köhler and Moyá-Solá，2004；Gonda et al.，2011）。在两栖动物中，高海拔或高纬度具有更短的生长季节和更小的天敌压力（Morrison and Hero，2003），基于“认知缓冲假说”的预测，天敌压力将导致低海拔或低纬度的种群有更大的脑容量。华西蟾蜍脑大小进化证明了“脑高耗能假说”的作用比“认知缓冲假说”的作用强。

华西蟾蜍嗅脑、中脑和小脑相对大小的种群差异性显著，具体来说，活动期长的种群比活动期短的种群有更大的中脑。对两栖动物而言，天敌是一个强大的选择压力（Wells，2007），华西蟾蜍更大的中脑可以更好地侦察潜在的捕食者。因此，华西蟾蜍在低海拔和低纬度地区进化更大的中脑，可能是对更大的天敌压力采取的一种生活史适应策略。

哺乳动物脑大小与年龄呈显著正相关（Barrickman et al.，2008；González-Lagos et al.，2010）。“认知缓冲假说”预测脑较大的个体较长的寿命部分补偿了延长性成熟年龄的代价（Sol et al.，2007），尽管更长的寿命可以选择更大的脑。基于“认知缓冲假说”，其反过来又促使个体有更长的寿命（Sol，2009），脑更大的年长个体会更好地应对环境挑战，华西蟾蜍脑大小在不同活动期的变化不支持“认知缓冲假说”。

13.5　小　　结

（1）华西蟾蜍总脑和脑区域大小的种群差异性显著，活动期越短的种群脑越小，其支持了“脑高耗能假说”。

（2）活动期长度对华西蟾蜍中脑相对大小的影响显著，活动期越短的个体有越小的中脑。

（3）华西蟾蜍个体年龄与脑相对大小呈显著正相关，较短活动期导致延迟性成熟年龄，其代价通过延长个体的繁殖寿命来补偿。

（4）沼水蛙和泽陆蛙总脑和脑区域相对大小存在显著的种群差异，脑大小与温度变异系数的相关性不显著，不支持“脑高耗能假说”。

第 14 章　峨眉林蛙等物种脑大小与能量器官大小的进化权衡

14.1　两栖动物物种脑大小与能量器官大小的进化权衡研究概况

脑是脊椎动物最消耗能量的器官，脑的性能与社会的适应能力和操纵群体内其他个体的能力密切相关（Allman，2000），脑大小经常用来反映认知需求，且在种间和种内水平上差异很大（Striedter，2005；Gonda et al.，2013）。大量证据表明，生态、社会和性选择压力影响物种脑大小的进化（Pitnick et al.，2006；Dunbar and Shultz，2007；Barton and Capellini，2011），然而，脑是高耗能器官（Mink et al.，1981），其新陈代谢需大量能量，会限制脑大小的进化（Striedter，2005；Isler and van Schaik，2006a）。“高耗能组织代价假说”预测，脑大小的增加将不可避免地减小其他高耗能组织的大小，如肠的长度缩短（Aiello and Wheeler，1995）。

大量的研究已经验证了动物脑大小的进化符合“高耗能组织代价假说”（Isler and van Schaik，2006a；Navarrete et al.，2011；Jin et al.，2015；Tsuboi et al.，2015；Liao et al.，2016a；Sukhum et al.，2016）。部分研究表明脑容量和肠长度之间呈显著负相关，其支持“高耗能组织代价假说”（Kaufman et al.，2003；Tsuboi et al.，2015；Liao et al.，2016a），但部分研究发现脑容量和肠长度相关性不显著（Lemaître et al.，2009；Barrickman and Lin，2010；Navarrete et al.，2011）。以前，科研工作者通过研究鸟类和哺乳动物脑大小的进化来验证“高耗能组织代价假说”（Aiello and Wheeler，1995；Jones and MacLarnon，2004；Isler and van Schaik，2006a；Pitnick et al.，2006；Navarrete et al.，2011），近年来，科研工作者通过在种间水平和种内水平研究变温动物脑大小的进化来验证“高耗能组织代价假说”（Kotrschal et al.，2013a；Liu et al.，2014；Tsuboi et al.，2015；Liao et al.，2016a；Sukhum et al.，2016），仅少量物种的脑大小进化支持“高耗能组织代价假说”，例如峨眉林蛙脑大小与消化道长度呈显著负相关（Jin et al.，2015）。

比较研究脑大小进化与“高耗能组织代价假说”常常涉及其机制，不同物种高耗能组织的相关性的机制可能与物种尺度大小密切相关（Agrawal et al.，2010），同一物种高耗能组织相关性研究能够解决这个问题（Warren and Iglesias，2012）。大多数两栖动物投入了大量精力进行领土维护和防御（Fei et al.，2010），这将使其成为在种间水平上检验“高耗能组织代价假说”的模型动物。心脏、肺、肾脏、肝脏、睾丸和消化道等器官也是高耗能器官，它们与脑大小的相关性随物种变化而变化（Aiello and Wheeler，1995；Barrickman and Lin，2010；Navarrete et al.，2011；Warren and Iglesias，2012）。肌肉组织在单位质量的能量消耗上不如内脏器官高(Caton et al., 2000)，但是两栖动物四肢肌肉重量占体重的很大一部分，在运动过程中消耗大量的能量(Duellman and Trueb，1986)，其可能与脑大小存在相关性。因此探讨两栖动物同一物种脑大小与各种高耗能器官的相关性，对于检验“高耗能组织代价假说”特别重要。

本章的研究目的：①分析峨眉林蛙、黑斑蛙、沼水蛙、泽陆蛙等两栖动物脑大小与肠长度的相关性，验证“高耗能组织代价假说”；②通过分析脑大小与心脏、肺、肾脏、肝脏、睾丸等高耗能器官的相关性，验证高耗能组织能量权衡。

14.2　材料和方法

14.2.1　研究物种

研究模式动物包括峨眉林蛙(*Rana omeimontis*)、沼水蛙(*Hylarana guentheri*)、黑斑蛙(*Pelophylax nigromaculatus*)和泽陆蛙(*Fejervarya multistriata*)。

14.2.2　样品采集

峨眉林蛙为中等体型两栖动物，生长在海拔 300～800m 的亚热带，繁殖期在每年 10～11 月，繁殖期大量的雌性和雄性峨眉林蛙聚集在繁殖池塘，是一种爆发性繁殖物种(Wells，1977)。本研究组于 2011 年 10～11 月繁殖季节在中国四川省宜宾市彩坝镇(28°47′N，104°33′E，281 m)的人工池塘共采集 63 只雄性峨眉林蛙。

沼水蛙生活在海拔 500～1100m 的中国亚热带森林中(Fei and Ye，2001)，在繁殖期内，雄性积极寻找雌性并用鸣叫吸引雌性，其交配和产卵在每年的 3～5 月，是一个延长繁殖的物种(Wells，1977)。本研究组于 2016 年 6～8 月在中国湖南、湖北和四川收集了 6 个种群的 135 只沼水蛙。

黑斑蛙栖息于海拔 500～1000m 的水域及附近的草丛中，喜群居，水陆两栖生活，黄昏后、夜间出来活动、捕食，蝌蚪期为杂食性，成体期以昆虫为食，4～7 月繁殖(Fei and Ye，2001)。本研究组于 2010 年 4 月 11 日～4 月 19 日在四川省南充市(30°50′N，106°07′E，338m)共采集 84 个黑斑蛙个体，包括 45 个雄体和 39 个雌体。

泽陆蛙是叉舌蛙科陆蛙属两栖动物，分布广，从沿海平原、丘陵地区至海拔 1700m 左右的山区都能见到它的踪迹。该蛙适应性强，生活在稻田、沼泽、水沟、菜园、旱地及草丛，主栖息在稻田区及其附近，极为常见。每年 4 月中旬至 5 月中旬开始产卵，7～8 月上旬为产卵高峰，9 月产卵者很少(Fei and Ye，2001)。本研究组于 2012 年在宜宾市 4 个点收集了 92 个泽陆娃个体，包括 71 个雄体和 21 个雌体。

14.2.3　数据收集

所有个体均于夜间在稻田和池塘中捕获，通过观察第二性征进行性别确认(Liao and

Lu，2010a）。将所有个体带回实验室，并保存在矩形（0.5m×0.4m×0.4m）箱内。每个个体用苯佐卡因麻醉，并采用单毁髓法处死，在4%福尔马林溶液中保存（Liao et al.，2016a），用游标卡尺测量所有个体的身体长度，精确到0.01mm，用电子天平称量所有个体的体重，精确到接近0.1mg。解剖所有的样本，取出脑、消化道、肝脏、心脏、肾脏、肺以及四肢肌肉，利用电子天平测量脑、肝脏、心脏、肾脏、肺、睾丸以及四肢肌肉的重量，精确到0.1mg，用游标卡尺测量消化道的长度，精确到0.01mm。个体的身体状况采用体重和体长回归残差值来进行测定。

14.2.4 数据分析

所有统计分析均采用SPSS 22.0进行，所有数据在分析前需要进行 $\log_{10}$ 转化。以脑重量为因变量，种群为随机因素，消化道长度、纬度、经度、性别和海拔为固定效应，身体大小为协变量，利用一般线性混合模型（linear mixde model，LMM）来分析脑大小与消化道之间的相关性。

14.3 结　　果

通过分析峨眉林蛙、沼水蛙、黑斑蛙和泽陆蛙的脑相对大小和消化道相对长度的关系来评估“高耗能组织代价假说”。

14.3.1 峨眉林蛙脑大小与消化道的关系

峨眉林蛙脑相对大小与消化道相对长度呈显著负相关，与心脏、肺、睾丸、四肢肌肉重呈显著正相关（表 14-1）。脑相对大小与肝脏、肾脏的相关性不显著（表14-1）。除了消化道长度与睾丸、心脏和四肢肌肉重呈显著负相关外，其他器官之间的相关性均不显著（图 14-1）。

表 14-1 峨眉林蛙脑相对大小和身体状况与其他器官的相关性

器官	脑相对大小			身体状况		
	估计值[±95%CI]	β	P	估计值[±95%CI]	β	P
心脏	0.227[0.069,0.386]	0.347	0.006	−0.070[−0.256,0.117]	−0.096	0.453
肺	0.157[0.042,0.273]	0.329	0.008	−0.062[−0.195,0.072]	−0.117	0.359
肝脏	−0.072[−0.344,0.200]	−0.068	0.598	0.116[−0.182,0.413]	0.099	0.440
肾脏	0.080[−0.066,0.225]	0.138	0.279	−0.012[−0.174,0.149]	−0.019	0.881
消化道	−0.483[−0.748,−0.219]	−0.424	0.001	0.386[0.082, 0.691]	0.309	0.014
睾丸	0.122[0.067,0.178]	0.495	<0.001	−0.119[−0.182,−0.057]	−0.443	<0.001
四肢肌肉	0.441[0.177,0.704]	0.394	0.001	−0.339[−0.641,−0.036]	−0.276	0.029

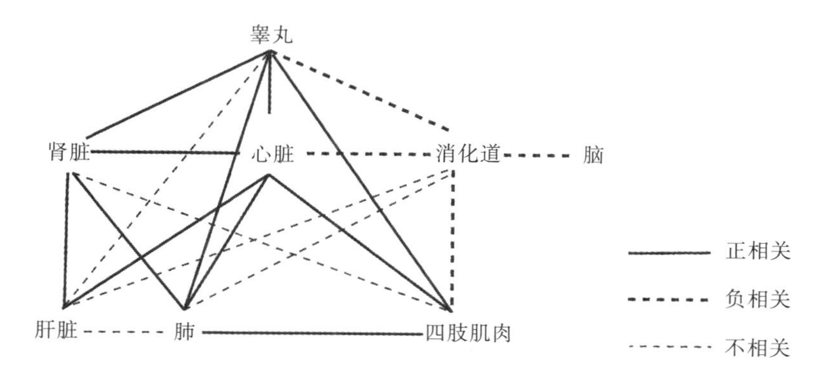

图 14-1　峨眉林蛙各器官之间的相关性

身体状况与四肢肌肉重和睾丸重呈显著负相关(表 14-1)；相反，身体状况与消化道长度呈显著正相关。身体状况与肝脏、肾脏和肺以及脑大小的相关性不显著(β=−0.244，P=0.054)(表14−1)。当控制身体状况影响时，脑相对大小与消化道相对长度呈显著负相关(r=−0.574，df=59，P<0.001)，与四肢肌肉和睾丸的相对重量呈显著正相关(四肢肌肉：r=0.576，df=59，P<0.001；睾丸：r=0.445，df=59，P<0.001)(图 14-2)。

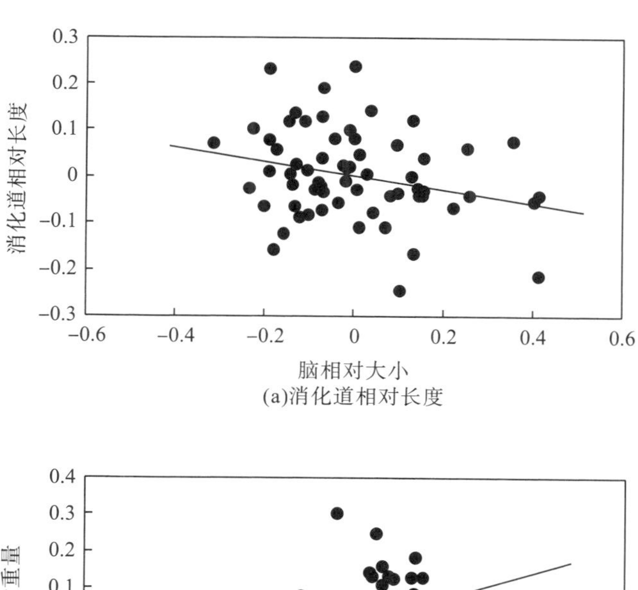

(a)消化道相对长度

(b)四肢肌肉相对重量

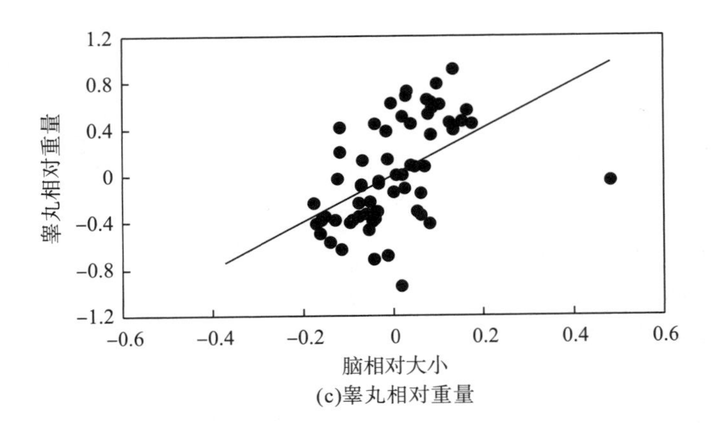

(c)睾丸相对重量

图 14-2 峨眉林蛙脑相对大小与消化道相对长度、四肢肌肉相对重量和睾丸相对重量的相关性

14.3.2 沼水蛙脑大小与消化道的关系

当控制身体大小的影响后，沼水蛙脑相对大小与消化道相对长度的相关性不显著。不同种群的脑容量无显著差异(Z=0.656，P=0.512)。此外，性别、纬度、经度和海拔对脑相对大小的影响不显著(表 14-2)。

表 14-2 沼水蛙雄体脑相对大小与消化道和其他因素的相关性

反应变量	预测变量	df	t	P
脑大小	消化道	1,133.961	1.182	0.279
	性别	1,134.993	1.104	0.295
	海拔	1,2.002	3.517	0.201
	经度	1,1.999	2.152	0.280
	纬度	1,1.981	0.028	0.883
	身体重量	1,110.113	150.942	<0.001

线性混合模型表明雄性的脑相对大小与消化道相对长度(图 14-3)和环境因素的相关性不显著(消化道：$F_{1,80.413}$=0.573，P=0.451；纬度：$F_{1,1.97}$=1.069，P=0.411；经度：$F_{1,2.117}$=0.01，P=0.93；海拔：$F_{1,2.1}$=0.674，P=0.494)，脑相对大小与身体大小的相关性显著($F_{1,79.354}$=96.174；P<0.001)。雌性的脑相对大小与消化道相对长度(图 14-4)和环境因素相关性不显著(消化道：$F_{1,49}$=2.034，P=0.16；纬度：$F_{1,49}$=0.002，P=0.969；经度：$F_{1,49}$=0.050，P=0.943)，脑相对大小与身体大小呈正相关($F_{1,49}$=57.732，P<0.001)。

14.3.3 黑斑蛙脑大小与消化道的关系

黑斑蛙雄体脑相对大小与睾丸、心脏、肝脏、肾脏、脾脏和四肢肌肉相对大小的相关性不显著(表 14-3)。肝脏相对大小和肾脏相对大小呈显著正相关(图 14-5)，而与其他能量器官相对大小的相关性不显著(表 14-3)。身体状况与其他器官的相关性不显著(表 14-4)，当控制身体状况的影响后，肝脏相对大小和肾脏相对大小呈显著正相关。

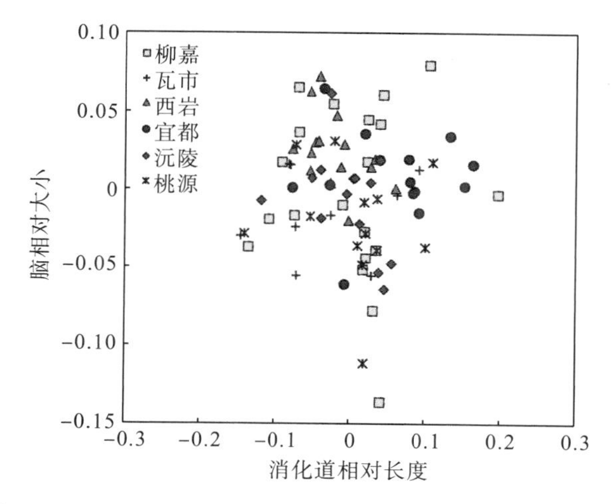

图 14-3　沼水蛙雄体脑相对大小与消化道相对长度的相关性

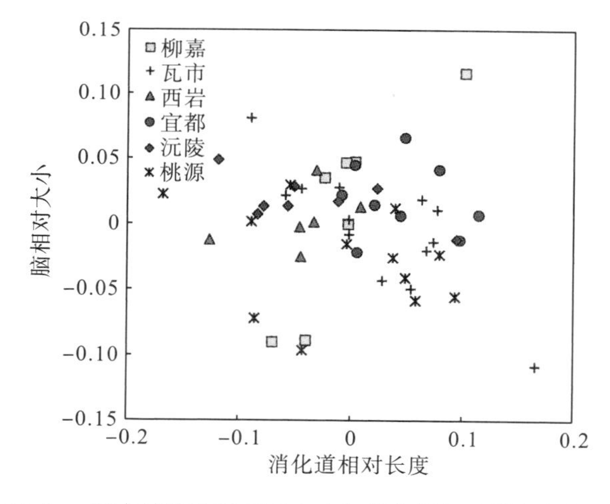

图 14-4　沼水蛙雌体脑相对大小与消化道相对长度的相关性

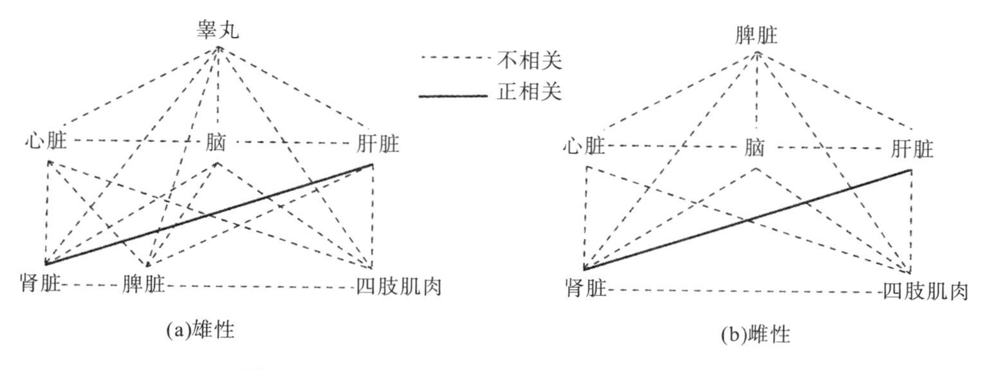

图 14-5　黑斑蛙脑相对大小和其他器官的相关性

表 14-3 黑斑蛙雄体脑相对大小和身体状况与其他器官的相关性

器官	脑相对大小			身体状况		
	估计值[±95%CI]	β	P	估计值[±95%CI]	β	P
睾丸	0.010[−0.205,0.224]	0.015	0.927	0.017[−0.082,0.115]	0.056	0.731
心脏	−0.051[−0.388,0.286]	−0.047	0.761	0.111[−0.265,0.043]	−0.217	0.152
肝脏	0.086[−0.223,0.394]	0.085	0.578	0.104[−0.038,0.055]	0.220	0.147
脾脏	−0.027[−0.144,0.090]	−0.071	0.644	−0.009[−0.064,0.046]	−0.052	0.733
肾脏	0.158[−0.158,0.473]	0.152	0.320	−0.003[−0.153,0.146]	−0.007	0.965
四肢肌肉	0.428[−0.324,1.179]	0.172	0.257	0.048[−0.309,0.405]	0.041	0.788

表 14-4 黑斑蛙雌体脑相对大小和身体状况与其他器官的相关性

（雄性：r=0.442，P=0.005；雌性：r=0.527，P<0.001）

器官	脑相对大小			身体状况		
	估计值[±95%CI]	β	P	估计值[±95%CI]	β	P
心脏	−0.080[−0.393,0.239]	−0.085	0.605	−0.292[−0.308,−0.277]	−0.252	0.121
肝脏	0.050[−0.193,0.293]	0.069	0.678	−0.083[−0.238,0.073]	−0.175	0.287
脾脏	0.012[−0.111,0.135]	0.032	0.847	−0.063[−0.140,0.014]	−0.264	0.104
肾脏	0.215[−0.058,0.489]	0.254	0.119	−0.023[−0.206,0.161]	−0.041	0.804
四肢肌肉	0.063[−0.591,0.716]	0.032	0.847	−0.370[−0.775,0.036]	−0.290	0.073

14.3.4 泽陆蛙脑大小与消化道的关系

为了检验参数之间的共线性，使用方差膨胀因子(variance inflation factor，VIF)来确定(Zuur et al.，2002)。一般线性模型(GLM)揭示了消化道、心脏、肾脏、肝脏、脾脏和四肢肌肉相对大小的种群差异性($F_{3,83}$>2.290，P<0.038)。逐步判别分析表明脑相对大小与其他高耗能器官相对大小的相关性不显著(t<1.538，P>0.128)。

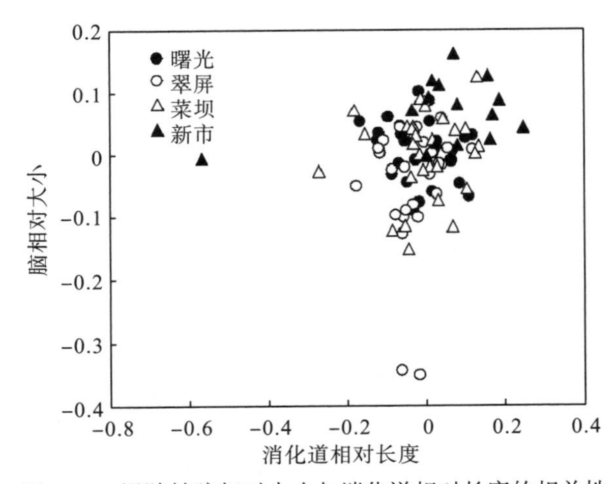

图 14-6 泽陆蛙脑相对大小与消化道相对长度的相关性

广义混合模型表明泽陆蛙脑相对大小与消化道相对长度的相关性不显著(图 14-6，表 14-5)，不支持“高耗能组织代价假说”，种群对脑相对大小的影响不显著(Z=1.023，P=0.307)。同样，脑相对大小与心脏相对大小呈显著正相关(t=2.207，P=0.046)，与其他高耗能器官的相关性不显著(表 14-5)。

表 14-5 泽陆蛙脑相对大小与各个器官的相关性

变量	随机因素			固定因素			
	Var	SE	Z	斜率(SE)	df	t	P
种群	0.0022	0.0022	1.023				
残差	0.0053	0.0008	6.694				
消化道				0.065 (0.097)	1,93.433	0.677	0.500
体重				0.506 (0.088)	1,91.622	5.720	<0.001
性别				−0.027 (0.021)	1,93.123	−1.247	0.216
种群	0.0013	0.0014	0.901				
残差	0.0051	0.0008	6.645				
心脏				0.118 (0.058)	1,85.244	2.207	0.046
体重				0.421 (0.093)	1,79.107	4.510	<0.001
性别				−0.018 (0.021)	1,91.940	−0.844	0.401
种群	0.0019	0.0019	0.970				
残差	0.0053	0.0008	6.688				
肺				0.059 (0.047)	1,91.126	1.254	0.213
体重				0.448 (0.105)	1,87.976	4.257	<0.001
性别				−0.015 (0.022)	1,92.927	−0.664	0.508
种群	0.0022	0.0021	1.050				
残差	0.0052	0.0008	6.662				
肾脏				0.049 (0.041)	1,91.546	1.181	0.240
体重				0.478 (0.093)	1,91.637	5.153	<0.001
性别				−0.026 (0.021)	1,90.603	−1.227	0.223
种群	0.0023	0.0022	1.045				
残差	0.0054	0.0008	6.660				
肝脏				−0.027 (0.022)	1,90.795	0.044	0.654
体重				0.515 (0.088)	1,91.985	5.840	<0.001
性别				0.016 (0.036)	1,90.740	−1.272	0.207
种群	0.0016	0.0016	1.008				
残差	0.0045	0.0007	6.352				
脾脏				0.014 (0.027)	1.82.651	0.501	0.618
体重				0.381 (0.083)	1,83.892	4.620	<0.001
性别				0.008 (0.021)	1,83.313	0.381	0.705

续表

变量	随机因素			固定因素			
	Var	SE	*Z*	斜率(SE)	df	*t*	*P*
种群	0.0024	0.0023	1.042				
残差	0.0053	0.0008	6.735				
四肢肌肉				0.019 (0.076)	1,93.433	0.251	0.803
体重				0.510 (0.111)	1,91.622	4.602	<0.001
性别				−0.025 (0.021)	1,93.123	−1.190	0.237

14.4 讨　论

当控制身体大小和其他影响因素后，峨眉林蛙脑相对大小与消化道相对长度呈显著负相关，支持“高耗能组织代价假说”。而黑斑蛙、泽陆蛙和沼水蛙脑相对大小与消化道相对长度的相关性不显著，不支持“高耗能组织代价假说”。峨眉林蛙、黑斑蛙、泽陆蛙和沼水蛙脑相对大小与其他高耗能组织的相关性不显著，不支持“能量权衡假说”。

虽然“高耗能组织代价假说”的提出是基于灵长类动物(Aiello and Wheeler，1995)，但支持“高耗能组织代价假说”最有力的证据来自变温动物(Kaufman et al.，2003；Kotrschal et al.，2013a；Jin et al.，2015；Tsuboi et al.，2015；Liao et al.，2016a)。研究发现，部分恒温动物脑大小和内脏大小的关系不显著(Jones and MacLarnon，2004；Isler and van Schaik，2006a；Barrickman and Lin，2010；Navarrete et al.，2011)，因此，“高耗能组织代价假说”可以解释恒温动物特定谱系中物种的脑形成，但对总的群体并不适用(Aiello et al.，2001)。恒温动物的脑质量相当于身体总质量的1%～2%(Striedter，2005)，蛙和蟾蜍的脑重量较轻，其平均重量相当于身体重量的0.3%(Liao et al.，2016a)。物种的脑大小和消化道长度负相关证明了能量限制在脊椎动物脑的外胚层进化中起着重要作用。峨眉林蛙脑大小与消化道长度呈显著负相关，能量限制能够解释其脑大小的变化。对于黑斑蛙、沼水蛙和泽陆蛙来说，由于脑大小和消化道长度之间缺乏显著负相关，脑大小的变化不能通过能量限制来解释。

如果增加脑大小能使潜在的认知能力转向更有营养的食物，那么一个高耗能器官与一个获取能量的器官将呈显著负相关，即脑和消化道之间呈显著负相关 (Liao et al.，2016a)。脑最小而肠最长的灵长类物种以植食性食物为主，脑最大的物种则为杂食性，人类拥有最大的脑和最短的肠，甚至通过取食熟食来提高消化道的功能(Aiello and Wheeler，1995)。之前的研究认为，灵长类食物质量可以表示肠道形态，其支持“高耗能组织代价假说”(Fish and Lockwood，2003)，然而，食物质量与狐猴和懒猴的脑大小相关性不显著(Allen and Kay，2012)。在两栖动物中，由于它们大多数成年后都以虫为食，食物的差异性很小，但不同物种以不同营养价值的昆虫为食，这可能需要不同程度的认知能力(Liao et al.，2016a)，因此，食物质量可能会影响两栖动物脑大小的进化。峨眉林蛙食物质量明显影响消化道的进化，从而导致了脑和消化道之间的显著性负相关，而黑斑蛙、沼水蛙和泽陆蛙个体间的食物质量差异不显著，脑与消化道的相关性不明显。

由于脑和消化道之间存在负相关，因此能量限制在促进单个物种脑大小进化方面起着重要作用(Kotrschal et al.，2013a)。与“高耗能组织代价假说”一致，峨眉林蛙脑大小与消化道长度呈显著负相关，然而，沼水蛙、黑斑蛙和泽陆蛙的脑相对大小与消化道相对长度的相关性不显著，其不支持“高耗能组织代价假说”。峨眉林蛙与其他三个物种的差异也可能是由于食物质量差异引起的，峨眉林蛙的食物质量高，则其脑大，其他三个物种的食物质量低，则其脑小，这表明，更聪明的个体能更好地利用食物，从而进化出更短的消化道。然而，沼水蛙、泽陆蛙和黑斑蛙的脑和消化道之间不明显的相关性表明食物质量对脑大小变化的影响不显著。

高耗能组织器官与脑大小存在权衡关系，蝙蝠脑大小与睾丸大小呈显著负相关(Pitnick et al.，2006)，然而，峨眉林蛙等 4 个物种脑大小与睾丸大小不存在显著性负相关。峨眉林蛙等 4 个物种脑大小与心脏、肝脏、肺、脾脏或肾脏大小的相关性不显著，其与 Liao 等(2016b)的研究结果基本一致，因为一个高耗能器官的能量消耗不是直接影响另一个高耗能器官，而是将它的能量耗费分配到其他的高耗能器官(Lemaître et al.，2009)。在运动过程中，肌肉组织耗能最多，这在“高耗能组织代价假说”中已被验证(Aiello and Wheeler，1995)，例如鸟类脑大小与四肢肌肉重呈显著负相关(Isler and van Schaik，2006a)。然而，两栖动物脑大小和四肢肌肉重不存在权衡(Liao et al.，2016a)，同样，峨眉林蛙等 4 个物种脑大小与四肢肌肉重的相关性不显著，不支持“能量权衡假说”。

14.5　小　　结

(1) 峨眉林蛙脑大小与消化道长度存在显著相关，支持“高耗能组织代价假说”，而脑大小与其他高耗能组织的相关性不显著，不支持“能量权衡假说”。

(2) 黑斑蛙、泽陆蛙和沼水蛙脑大小与消化道长度的相关性不显著，不支持“高耗能组织代价假说”。脑大小与其他组织器官以及其他组织器官之间不存在显著负相关，不支持“能量权衡假说”。因此，能量限制在促进黑斑蛙、泽陆蛙和沼水蛙脑大小进化中没有发挥重要作用。

第 15 章　两栖动物脑大小进化研究展望

脊椎动物脑大小进化研究已有 40 多年的历史，但其依然是动物进化生物学中最具有活力的研究领域(Sayol et al.，2016b；Street et al.，2017)。自 Taylor 等于 1995 年首次报道了两栖动物脑大小与栖息地类型的关系以来，研究者对两栖动物脑大小进化的研究逐步展开。Trokovic 等(2011)研究得出蝌蚪的生长环境明显影响幼蛙脑大小，入侵成功的两栖动物比本地两栖动物有相对更大的脑(Amiel et al.，2011)。近 5 年来，两栖动物脑大小的适应性进化研究取得了一系列成果，这些成果重点探讨了两栖动物脑大小与性选择强度、求偶行为、栖息地类型、产卵点、物种分布范围、冬眠期长度以及自身的能量器官的进化关系等方面(Mai and Liao，2019)。

15.1　不同发育阶段食物类型对脑与肠关系的影响

环境因素变化引起物种的食物类型变化，其终将影响物种脑大小的变化(Mai and Liao，2019)。虽然两栖动物脑容量与肠长度存在显著的权衡关系，其符合“高耗能器官代价假说”。然而，环境因素变化将影响两栖动物的食物类型，不同环境下食物类型的变化将影响两栖动物肠的消化和吸收功能，从而导致两栖动物肠长度的变化。由此推测，食物的变化可能是导致两栖动物脑与肠权衡发生改变的主要因素。在上述分析的基础上，可以提出有关两栖动物脑大小进化权衡研究的理论假设：①两栖动物脑大小存在对环境变化的生态适应性，环境变化引起的食物类型变化是导致其脑大小产生生态适应的主要因素；②两栖动物物种不同年龄个体的食物类型与其肠的消化和吸收功能存在关系，其肠和脑的权衡关系与物种不同年龄个体的食物类型有关。如果假设成立，可以得出以下两个推论：①如果两栖动物脑大小存在对环境变化的生态适应性，不同环境状况下食物类型是导致脑大小产生生态适应的主要因素，那么两栖动物脑大小与不同环境状况下的食物类型等因素相关；②如果物种不同年龄个体的食物变化是导致两栖动物脑和肠权衡发生变化的主要因素，那么两栖动物脑和肠的关系与物种不同年龄个体的食物类型存在相关性。可见，要检验这些假设和推论，对不同环境下两栖动物脑大小进化权衡的影响因素进行系统研究具有关键作用，特别是通过研究物种不同年龄个体的食物类型变化对脑和肠的关系的影响来检验“高耗能器官代价假说”显得尤为重要。因此，将来可在中国横断山地区不同环境收集两栖动物标本，进一步从以下三个方面研究两栖动物：①是否存在脑大小差异性，如果存在，那么脑大小如何随环境因素变化；②环境变化引起两栖动物食物类型变化是否为导致其脑大小产生变化的主要因素；③不同年龄个体的食物类型变化与肠长度是否存在关系，如果存在，物种的不同年龄个体的食物类型变化是否为导致两栖动物脑与肠权衡发生改变的主要因素。同时通过对两栖动物脑大小进化权衡理论假设的验证，揭示物种的不同年龄个体的食物类型变化对脑和肠关系变化的影响机理，为两栖动物的繁育和保护提供理论依据。

15.2　脑大小与天敌压力的相关性及其影响因素

天敌压力能够解释两栖动物嗅脑和中脑大小的变化(Liao et al.，2015b)，由此表明，两栖动物脑大小的增加是为了识别天敌，其与脑的“认知缓冲假说”结论一致。然而，两栖动物脑大小与天敌压力的进化关系可能与皮肤的毒腺、鸣叫、逃跑能力和隐蔽色等内在因素有关。两栖动物在繁殖期通过鸣叫来吸引配偶，这将暴露自身，更容易被天敌发现。在这种情况下，其可能拥有更隐蔽的体色或更强的逃跑能力，为了避开天敌，其将进化更大的脑，表明动物繁殖和幸存均非常重要；相反，如果进化较小的脑，表明动物的繁殖比幸存更重要。两栖动物繁殖期主动寻找配偶，拥有毒腺，天敌压力小，在这种情况下，其可能拥有隐蔽性较弱的体色或较弱的逃跑能力，其将进化更小的脑，表明动物繁殖和幸存均非常重要；相反，如果进化较大的脑，表明动物的繁殖比幸存更重要。由此推测，皮肤的毒腺、鸣叫、逃跑能力和隐蔽色等内在因素可能是导致脑大小与天敌压力进化关系变化的主要因素。

在上述分析的基础上，可以提出有关两栖动物脑大小与天敌压力研究的理论假设：①如果两栖动物脑大小与天敌压力存在相关性，不同环境状况下天敌压力是导致脑大小产生变化的主要因素，那么两栖动物脑大小与皮肤的毒腺、鸣叫、逃跑能力和隐蔽色等因素相关；②如果皮肤的毒腺、鸣叫、逃跑能力和隐蔽色是导致两栖动物脑大小和天敌压力的相关性发生变化的主要因素，那么两栖动物脑大小和天敌压力的相关性与其内在因素存在相关性。可见，要检验这一假设和推论，对不同环境下两栖动物的脑大小与天敌压力进行系统研究具有关键的作用，特别是通过研究皮肤的毒腺、鸣叫、逃跑能力和隐蔽色对脑大小和天敌压力关系的影响来检验“认知缓冲假说”显得尤为重要。因此，可进一步从以下三个方面研究两栖动物：①是否存在脑大小与天敌压力的相关性，如果存在，那么脑大小如何随天敌压力变化而变化；②环境变化引起食物类型变化是否为导致两栖动物脑大小产生变化的主要因素；③皮肤的毒腺、鸣叫、逃跑能力和隐蔽色与天敌压力是否存在关系，如果存在，皮肤的毒腺、鸣叫、逃跑能力和隐蔽色是否为导致两栖动物脑大小与天敌压力相关性发生改变的主要因素。同时通过对两栖动物脑大小与天敌压力相关性理论假设的验证，揭示皮肤的毒腺、鸣叫、逃跑能力和隐蔽色对脑大小和天敌压力关系变化的影响机理，为两栖动物的繁育和保护提供理论依据。

因此，未来可主要开展以上两个方面的工作，探讨两栖动物脑大小进化的影响因素，为深入理解两栖动物适应性进化的机理奠定科学的理论基础，同时为两栖动物生物多样性保护提供合理的建议。

参 考 文 献

张顺，龚怡宏，王进军. 2019. 深度卷积神经网络的发展及其在计算机视觉领域的应用. 计算机学报，42(3)：453-482.

Abbott M L，Walsh C J，Storey A E，et al. 1999. Hippocampal volume is related to complexity of nesting habitat in leach's storm-petrel，a nocturnal procellariiform seabird. Brain，Behavior and Evolution，53(5-6)：271-276.

Abelson E S. 2016. Brain size is correlated with endangerment status in mammals. Proceedings of the Royal Society B：Biological Sciences，283(1825)：20152772.

Agrawal A A，Conner J K，Rasmann S. 2010. Trade-off and adaptie negatie correlatins in evolutinary ecology//Bell M，Eane W，Futuyma D，Levinton J. Evolutin aftr Darwin：the First 150 Years. Sunderland：Sinauer Associates：243-268.

Aiello L C. 1997. Brains and guts in human evolution：The expensive tissue hypothesis. Brazilian Journal of Genetics，20(1)：141-148.

Aiello L C，Wheeler P. 1995. The expensive-tissue hypothesis: The brain and the digestive system in human and primate evolution. Current Anthropology，36(2)：199-221.

Aiello L C，Wells J C K. 2002. Energetics and the evolution of the Genus *Homo*. Annual Review of Anthropology，31：323-338.

Aiello L C，Bates N，Joffe T. 2001. Evolutionary anatomy of the primate cerebral cortex//Falk D，Gibson K R. Defense of the Expensive Tissue Hypothesis. Cambridge：Cambridge University Press：57-78.

Alexander R M. 2002. Principles of Animal Locomotion. Princeton：Princeton University Press.

Allen K L，Kay R F. 2012. Dietary quality and encephalization in platyrrhine Primates. Proceedings of the Royal Society of London B：Biological Sciences，279(1729)：715-721.

Allman J. 2000. Evolving brains. New York：Scientific American Library.

Allman J，McLaughlin T，Hakeem A. 1993. Brain weight and life-span in primate species. Proceedings of the National Academy of Sciences of the United States of America，90(1)：118-122.

Altwegg R，Reyer H. 2003. Patterns of natural selection on size at metamorphosis in water frogs. Evolution，57：872-882.

Amiel J J，Tingley R，Shine R. 2011. Smart moves：effects of relative brain size on establishment success of invasive amphibians and reptiles. PLoS One，6(4)：e18277.

Andersson M. 1994. Sexual Selection. Princeton：Princeton University Press.

Arnold K E，Ramsay S L，Donaldson C，et al. 2007. Parental prey selection affects risk-taking behaviour and spatial learning in avian offspring. Proceedings of the Royal Society B：Biological Sciences，274(1625)：2563-2569.

Arnqvist G，Rowe L. 2005. Sexual Conflict. Princeton：Princeton University Press.

Avilés J M，Garamszegi L Z. 2007. Egg rejection and brain size among potential hosts of the common cuckoo. Ethology，113(6)：562-572.

Balaban E. 1997. Changes in multiple brain regions underlie species differences in a complex，congenital behavior. Proceedings of the National Academy of Sciences of the United States of America，94(5)：2001-2006.

Baron G，Stephan H，Frahm H D. 1996. Comparative Neurobiology in Chiroptera. Basel：Birkhäuser.

Barrett L，Henzi P. 2005. The social nature of primate cognition. Proceedings of the Royal Society B：Biological Sciences，272(1575)：1865-1875.

Barrickman N L，Lin M J. 2010. Encephalization，expensive tissues，and energetics：An examination of the relative costs of brain size in strepsirrhines. American Journal of Physical Anthropology，143(4)：579-590.

Barrickman N L，Bastian M L，Isler K，et al. 2008. Life history costs and benefits of encephalization：A comparative test using data from long-term studies of Primates in the wild. Journal of Human Evolution，54：568-590.

Barton R A. 1996. Neocortex size and behavioural ecology in primates. Proceedings of the Royal Society of London Series B：Biological Sciences，263(1367)：173-177.

Barton R A. 1998. Visual specialization and brain evolution in primates. Proceedings of the Royal Society of London Series B：Biological Sciences，265(1409)：1933-1937.

Barton R A，Harvey P H. 2000. Mosaic evolution of brain structure in mammals. Nature，405：1055-1058.

Barton R A，Capellini I. 2011. Maternal investment，life histories，and the costs of brain growth in mammals. Proceedings of the National Academy of Sciences of the United States of America，108(15)：6169-6174.

Barton R A，Aggleton J P，Grenyer R. 2003. Evolutionary coherence of the mammalian amygdala. Proceedings of the Royal Society of London Series B：Biological Sciences，270(1514)：539-543.

Bauernfeind A L，Barks S K，Duka T，et al. 2014. Aerobic glycolysis in the primate brain：Reconsidering the implications for growth and maintenance. Brain Structure and Function，219(4)：1149-1167.

Benson-Amram S，Dantzer B，Stricker G，et al. 2016. Brain size predicts problem-solving ability in mammalian carnivores. Proceedings of the National Academy of Sciences of the United States of America，113(9)：2532- 2537.

Berger J，Swenson J E，Persson I L. 2001. Recolonizing carnivores and Naïve prey：Conservation lessons from Pleistocene extinctions. Science，291(5506)：1036-1039.

Berven K A. 1982. The genetic basis of altitudinal variation in the wood frog *Rana sylvatica*. I. An experimental analysis of life history traits. Evolution，36：962-983.

Bielby J，Mace G，Bininda-Emonds O，et al. 2007. The fast-slow continuum in mammalian life history：An empirical reevaluation. The American Naturalist，169(6)：748-757.

Biteau B，Karpac J，Supoyo S，et al. 2010. Lifespan extension by preserving proliferative homeostasis in Drosophila. PLoS Genetics，6(10)：e1001159.

Blumstein D T，Fernández-Juricic E，LeDee O，et al. 2004. Avian risk assessment：Effects of perching height and detectability. Ethology，110(4)：273-285.

Bolhuis J J，MacPhail E M. 2001. A critique of the neuroecology of learning and memory. Trends in Cognitive Sciences，5(10)：426-433.

Boogert N J，Fawcett T W，Lefebvre L. 2011. Mate choice for cognitive traits：A review of the evidence in nonhuman vertebrates. Behavioral Ecology，22(3)：447-459.

Brooke M D，Hanley S，Laughlin S B. 1999. The scaling of eye size with body mass in birds. Proceedings of the Royal Society of London Series B：Biological Sciences，266(1417)：405-412.

Browning R C，Baker E A，Herron J A，et al. 2006. Effects of obesity and sex on the energetic cost and preferred speed of walking. Journal of Applied Physiology，100(2)：390-398.

Bruce L L，Neary T J. 1995. The limbic system of tetrapods：A comparative analysis of cortical and amygdalar populations. Brain，

Behavior and Evolution，46(4-5)：224-234.

Buechel S D，Boussard A，Kotrschal A，et al. 2018. Brain size affects performance in a reversal-learning test. Proceedings of the Royal Society B：Biological Sciences，285(1871)：20172031.

Bunge J，Fitzpatrick M. 1993. Estimating the number of species：A review. Journal of the American Statistical Association，88(421)：364-373.

Burns J G，Rodd F H. 2008. Hastiness，brain size and predation regime affect the performance of wild guppies in a spatial memory task. Animal Behaviour，76(3)：911-922.

Butler A B，Hodos W. 2005. Comparative Vertebrate Neuroanatomy, 2nd ed. New Jersey：John Wiley and Sons Inc.

Buzatto B A，Roberts J D，Simmons L W. 2015. Sperm competition and the evolution of precopulatory weapons：Increasing male density promotes sperm competition and reduces selection on arm strength in a chorusing frog. Evolution，69(10)：2613-2624.

Byrne P G，Roberts J D. 2012. Evolutionary causes and consequences of sequential polyandry in anuran amphibians. Biological Reviews，87(1)：209-228.

Byrne P G，Simmons L W，Dale Roberts J. 2003. Sperm competition and the evolution of gamete morphology in frogs. Proceedings of the Royal Society of London Series B：Biological Sciences，270(1528)：2079-2086.

Byrne R W，Whiten A. 1988. Machiavellian Intelligence：Social Expertise and the Evolution of Intellect in Monkeys，Apes，and Humans. Oxford：Oxford University.

Cai Y L，Mai C L，Liao W B. 2019a. Frogs with denser group-spawning mature later and live longer. Scientific Reports，9：13776.

Cai Y L，Mai C L，Yu X，et al. 2019b. Effect of population density on relationship between pre- and postcopulatory sexual traits. Animal Biology，69(3)：281-292.

Candolin U. 2003. The use of multiple cues in mate choice. Biological Reviews，78(4)：575-595.

Castanet J，Smirina E M. 1990. Introduction to the skeletochronological method in amphibians and reptiles. Annales Des Sciences Naturelles-Zoologie et Biologie Animale，11：191-196.

Caton J S，Bauer M L，Hidari H. 2000. Metabolic components of energy expenditure in growing beef cattle-review. Asian Australasian Journal of Animal Sciences，13(5)：702-710.

Caves E M，Sutton T T，Johnsen S. 2017. Visual acuity in ray-finned fishes correlates with eye size and habitat. Journal of Experimental Biology，220：1586-1596.

Caves E M，Brandley N C，Johnsen S. 2018. Visual acuity and the evolution of signals. Trends in Ecology and Evolution，33(5)：358-372.

Chang H，Xiao X，Li M. 2017. The schizophrenia risk gene ZNF804A：Clinical associations, biological mechanisms and neuronal functions. Molecular Psychiatry，22(7)：944-953.

Chen H Y，Maklakov A. 2012. Longer life span evolves under high rates of condition-dependent mortality. Current Biology，22(22)：2140-2143.

Chen J N，Zou Y Q，Sun Y H，et al. 2019. Problem-solving males become more attractive to female budgerigars. Science，363(6423)：166-167.

Clancy B，Darlington R B，Finlay B L. 2001. Translating developmental time across mammalian species. Neuroscience，105(1)：7-17.

Clemens L E，Heldmaier G，Exner C. 2009. Keep cool：Memory is retained during hibernation in *Alpine marmots*. Physiology and Behavior，98(1-2)：78-84.

Clutton-Brock T H，Harvey P H. 1980. Primates，brains and ecology. Journal of Zoology，190(3)：309-323.

Collett T. 1977. Stereopsis in toads. Nature，267：349-351.

Corral-López A，Kotrschal A，Kolm N. 2018. Selection for relative brain size affects context-dependent male preferences，but not discrimination，of female body size in guppies. Journal of Experimental Biology，221(12)：doi：10.1242/jeb.175240.

Corral-López A，Bloch N I，Kotrschal A，et al. 2017a. Female brain size affects the assessment of male attractiveness during mate choice. Science Advances，3(3)：e1601990.

Corral-López A，Garate-Olaizola M，Buechel S D，et al. 2017b. On the role of body size, brain size, and eye size in visual acuity. Behavioral Ecology and Sociobiology，71(12)：179.

Crispo E，Chapman L J. 2010. Geographic variation in phenotypic plasticity in response to dissolved oxygen in an African cichlid fish. Journal of Evolutionary Biology. 23(10)：2091-2103.

Cronin T W，Johnsen S，Marshall N J，et al. 2014. Visual Ecology. Princeton：Princeton University Press.

Cummins C P. 1986. Temporal and spatial variation in egg size and fecundity in *Rana temporaria*. Journal of Animal Ecology，55(1)：303-316.

Daan S，Barnes B M，Strijkstra A M. 1991. Warming up for sleep? -Ground squirrels sleep during arousals from hibernation. Neuroscience Letters，128(2)：265-268.

Dang Z H，Chen F J. 2011. Responses of insects to rainfall and drought. Chinese Journal of Applied Entomology，8：1161-1169.

Darriba D，Taboada G L，Doallo R，et al. 2012. jModelTest 2：More models，new heuristics and parallel computing. Nature Methods，9：772.

Darwin C. 1871. The Descent of Man and Selection in Relation to Sex. London：John Murray.

Day L B，Westcott D A，Olster D H. 2005. Evolution of bower complexity and cerebellum size in bowerbirds. Brain，Behavior and Evolution，66：62-72.

de Winter W，Oxnard C E. 2001. Evolutionary radiations and convergences in the structural organization of mammalian brains. Nature，409：710-714.

de Busserolles F，Fitzpatrick J L，Paxton J R，et al. 2013. Eye-size variability in deep-sea lanternfishes（Myctophidae）：An ecological and phylogenetic study. PLoS One，8(3)：e58519.

de Busserolles F，Fitzpatrick J L，Marshall N J，et al. 2014. The influence of photoreceptor size and distribution on optical sensitivity in the eyes of lanternfishes（Myctophidae）. PLoS One，9(6)：e99957.

Deaner R O，Barton R A，Van Schaik C. 2003. Primate brains and life histories：renewing the connection. *In*：Kappeler P M，Pereira M E（eds）. Primates Life Histories and Socioecology. Chicago：The University of Chicago Press：233-265.

Deaner R O，Isler K，Burkart J，et al. 2007. Overall brain size and not encephalization quotient，best predicts cognitive ability across non-human Primates. Brain，Behavior and Evolution，70(2)：115-124.

Dechmann D K N，Safi K. 2009. Comparative studies of brain evolution：A critical insight from the Chiroptera. Biological Reviews，84(1)：161-172.

Devoogd T J，Krebs J R，Healy S D，et al. 1993. Relations between song repertoire size and the volume of brain nuclei related to song：Comparative evolutionary analyses amongst oscine birds. Proceedings of the Royal Society of London Series B：Biological Sciences，254(1340)：75-82.

Diaz-Uriarte R，Garland T. 1996. Testing hypotheses of correlated evolution using phylogenetically independent contrasts：sensitivity to deviations from Brownian motion. Systematic Biology，45(1)：27-47.

Dietz M W，Piersma T，Hedenström A，et al. 2007. Intraspecific variation in avian pectoral muscle mass：constraints on maintaining manoeuvrability with increasing body mass. Functional Ecology，21(2)：317-326.

Dobberfuhl A P，Ullmann J F P，Shumway C A. 2005. Visual acuity，environmental complexity，and social organization in African cichlid fishes. Behavioral Neuroscience，119(6)：1648-1655.

Douglas R H，Hawryshyn C W. 1990. Behavioural studies of fish vision：An analysis of visual capabilities. *In*：Douglas R，Djamgoz M eds. The Visual System of Fish. Dordrecht：Springer Netherlands：373-418.

Dreher C E，Cummings M E，Pröhl H. 2015. An analysis of predator selection to affect aposematic coloration in a poison frog species. PLoS One，10(6)：e0130571.

Drummond A J，Suchard M A，Xie D，et al. 2012. Bayesian phylogenetics with BEAUti and the BEAST 1.7. Molecular Biology and Evolution，29(8)：1969-1973.

Duarte C M，Alcaraz M. 1989. To produce many small or few large eggs：A size-independent reproductive tactic of fish. Oecologia，80(3)：401-404.

Duellman W E，Trueb D L. 1986. Biology of Amphibians. New York：McGraw-Hill Inc.

Dukas R. 2004. Evolutionary biology of animal cognition. Annual Review of Ecology，Evolution，and Systematics，35：347-374.

Dukas R，Bernays E A. 2000. Learning improves growth rate in grasshoppers. Proceedings of the National Academy of Sciences of the United States of America，97(6)：2637-2640.

Dunbar R I M. 1992. Neocortex size as a constraint on group size in Primates. Journal of Human Evolution，22(6)：469-493.

Dunbar R I M. 1998. The social brain hypothesis. Evolutionary Anthropology，6(5)：178-190.

Dunbar R I M，Shultz S. 2007. Evolution in the Social Brain. Science，317(5843)：1344-1347.

Dunbar R I M，Shultz S. 2017. Why are there so many explanations for primate brain evolution?. Philosophical Transactions of the Royal Society B：Biological Sciences，372(1727)：20160244.

Emerson S B. 1976. Burrowing in frogs. Journal of Morphology，149(4)：437-458.

Emery N J，Seed A M，von Bayern A M P，et al. 2007. Cognitive adaptations of social bonding in birds. Philosophical Transactions of the Royal Society of London B：Biological Sciences，362(1480)：489-505.

Emlen D J. 2008. The evolution of animal weapons. Annual Review of Ecology，Evolution，and Systematics，39：387-413.

Emlen S T，Oring L W. 1977. Ecology，sexual selection，and the evolution of mating systems. Science，197(4300)：215-223.

Enquist M，Leimar O. 1983. Evolution of fighting behaviour：Decision rules and assessment of relative strength. Journal of Theoretical Biology，102(3)：387-410.

Estes J A，Tinker M T，Williams T M，et al. 1998. Killer whale predation on sea otters linking oceanic and nearshore ecosystems. Science，282(5388)：473-476.

Ewert J P，Burghagen H，Schürg-Pfeiffer E. 1983. Neuroethological analysis of the innate releasing mechanism for prey-catching behavior in toads//Advances in Vertebrate Neuroethology. Boston，MA：Springer US：413-475.

Farris S M. 2016. Insect societies and the social brain. Current Opinion in Insect Science，15：1-8.

Fei L，Ye C Y. 2001. The colour handbook of amphibians of Sichuan. Beijing：China Forestry

Fei L，Hu S Q，Ye C Y. 2009. Fauna Sinica. Amphibia，Vol. 2，Anura. Beijing：Science Press.

Fei L，Ye C Y，Jiang J P. 2010. Colored atlas of Chinese amphibians. Chengdu：Sichuan Publishing House of Science and Technology.

Felsenstein J. 1985. Phylogenies and the comparative method. The American Naturalist，125(1)：1-15.

Ferro D N，Chapman R B，Penman D R. 1979. Observations on insect microclimate and insect pest management. Environmental

Entomology，8(6)：1000-1003.

Filin I，Ziv Y. 2004. New theory of insular evolution：Unifying the loss of dispersability and body-mass change. Evolutionary Ecology Research，6(1)：115-124.

Finkel T，Holbrook N J. 2000. Oxidants, oxidative stress and the biology of ageing. Nature，408：239-247.

Finlay B L，Darlington R B. 1995. Linked regularities in the development and evolution of mammalian brains. Science，268(5217)：1578-1584.

Finlay B L，Darlington R B，Nicastro N. 2001. Developmental structure in brain evolution. Behavioral and Brain Sciences，24(2)：263-278.

Fischer S，Bessert-Nettelbeck M，Kotrschal A，et al. 2015. Rearing-group size determines social competence and brain structure in a cooperatively breeding cichlid. The American Naturalist，186(1)：123-140.

Fish J L，Lockwood C A. 2003. Dietary constraints on encephalization in Primates. American Journal of Physical Anthropology，120(2)：171-181.

Fitt G. 1989. The ecology of *Heliothis* species in relation to agroecosystems. Annual Review of Entomology，34：17-52.

Fitzpatrick B M，Johnson J R，Kump D K，et al. 2010. Rapid spread of invasive genes into a threatened native species. Proceedings of the National Academy of Sciences of the United States of America，107(8)：3606-3610.

Fitzpatrick J L，Almbro M，Gonzalez-voyer A，et al. 2012. Sexual selection uncouples the evolution of brain and body size in pinnipeds. Journal of Evolutionary Biology，25(7)：1321-1330.

Fox K C R，Muthukrishna M，Shultz S. 2017. The social and cultural roots of whale and dolphin brains. Nature Ecology & Evolution，1：1699-1705.

Freckleton R P. 2002. On the misuse of residuals in ecology：Regression of residuals vs. multiple regression. Journal of Animal Ecology，71(3)：542-545.

Freckleton R，Harvey P，Pagel M. 2002. Phylogenetic analysis and comparative data：A test and review of evidence. The American Naturalist，160(6)：712-726.

Frith C B，Frith D W. 1985. Seasonality of insect abundance in an Australian upland tropical rainforest. Australian Journal of Ecology，10(3)：237-248.

Frost D R. 2013. Amphibian Species of the World：An Online Reference. New York：American Museum of Natural History.

Garamszegi L Z，Møller A P，Erritzøe J. 2002. Coevolving avian eye size and brain size in relation to prey capture and nocturnality. Proceedings of the Royal Society of London Series B：Biological Sciences，269(1494)：961-967.

Garamszegi L Z，Eens M，Erritzøe J，et al. 2005a. Sperm competition and sexually size dimorphic brains in birds. Proceedings of the Royal Society B：Biological Sciences，272(1559)：159-166.

Garamszegi L Z，Eens M，Erritzøe J，et al. 2005b. Sexually size dimorphic brains and song complexity in passerine birds. Behavioral Ecology，16(2)：335-345.

García-Peňa G E，Sol D，Iwaniuk A N，et al. 2013. Sexual selection on brain size in shorebirds (Charadriiformes). Journal of Evolutionary Biology，26(4)：878-888.

Garland T，Harvey P H，Ives A R. 1992. Procedures for the analysis of comparative data using phylogenetically independent contrasts. Systematic Biology，41(1)：18-32.

Genoud M，Isler K，Martin R D. 2018. Comparative analyses of basal rate of metabolism in mammals：data selection does matter. Biological Reviews，93(1)：404-438.

Ghiani G，Marongiu E，Melis F，et al. 2015. Body composition changes affect energy cost of running during 12 months of specific diet and training in amateur athletes. Applied Physiology，Nutrition，and Metabolism，40(9)：938-944.

Gittleman J L. 1986. Carnivore brain size，behavioral ecology，and phylogeny. Journal of Mammalogy，67(1)：23-36.

Gomez-Mestre I，Pyron R A，Wiens J J. 2012. Phylogenetic analyses reveal unexpected patterns in the evolution of reproductive modes in frogs. Evolution，66(12)：3687-3700.

Gonda A，Herczeg G，Merilä J. 2009a. Adaptive brain size divergence in nine-spined sticklebacks (Pungitius pungitius)? Journal of Evolutionary Biology，22(8)：1721-1726.

Gonda A，Herczeg G，Merilä J. 2009b. Habitat-dependent and-Independent plastic responses to social environment in the nine-spined stickleback (*Pungitius pungitius*) brain. Proceedings of the Royal Society B：Biological Sciences，276(1664)：2085-2092.

Gonda A，Herczeg G，Merilä J. 2011. Population variation in brain size of nine-spined sticklebacks (*Pungitius pungitius*)-local adaptation or environmentally induced variation? BMC Evolutionary Biology，11(1)：75.

Gonda A，Herczeg G，Merilä J. 2013. Evolutionary ecology of intraspecific brain size variation：A review. Ecology and Evolutin，3(8)：2751-2764.

Gonda A，Trokovic N，Herczeg G，et al. 2010. Predation- and competition-mediated brain plasticity in *Rana temporaria* tadpoles. Journal of Evolutionary Biology，23(11)：2300-2308.

González-Lagos C，Sol D，Reader S M. 2010. Large-brained mammals live longer. Journal of Evolutionary Biology，23(5)：1064-1074.

Gonzalez-Voyer A，Kolm N. 2010. Sex, ecology and the brain：Evolutionary correlates of brain structure volumes in Tanganyikan cichlids. PLoS One，5(12)：e14355.

Gonzalez-Voyer A，Winberg S，Kolm N. 2009a. Brain structure evolution in a basal vertebrate clade：Evidence from phylogenetic comparative analysis of cichlid fishes. BMC Evolutionary Biology，9(1)：238.

Gonzalez-Voyer A，Winberg S，Kolm N. 2009b. Social fishes and single mothers：Brain evolution in African cichlids. Proceedings of the Royal Society B：Biological Sciences，276(1654)：161-167.

Gonzalez-Voyer A, González-Suárez M, Vilà C，et al. 2016. Larger brain size indirectly increases vulnerability to extinction in mammals. Evolution，70(6)：1364-1375.

Goodson J L. 2005. The vertebrate social behavior network：Evolutionary themes and variations. Hormones and Behavior，48(1)：11 -22.

Gosler A G，Greenwood J D，Perrins C. 1995. Predation risk and the cost of being fat. Nature，377(6550)：621-623

Gould S J. 1975. Allometry in Primates, with emphasis on scaling and the evolution of the brain. Contributions to Primatology，5：244-292.

Graham M H. 2003. Confronting multicollinearity in ecological multiple regression. Ecology，84(11)：2809-2815.

Gu J，Li D Y，Luo Y，et al. 2017. Brain size in *Hylarana guentheri* seems unaffected by variation in temperature and growth season. Animal Biology，67(3-4)：209-225.

Guo K，Hao S G，Sun O J，et al. 2009. Differential responses to warming and increased precipitation among three contrasting grasshopper species. Global Change Biology，15(10)：2539-2548.

Hadfield J D. 2010. MCMC methods for multi-response generalized linear mixed models: the MCMCglmm R package. Journal of Statistical Software，33(2)：1-22.

Hager R，Lu L，Rosen G D，et al. 2012. Genetic architecture supports mosaic brain evolution and independent brain-body size regulation. Nature Communications，3：1079.

Hall M I，Ross C F. 2007. Eye shape and activity pattern in birds. Journal of Zoology，271(4)：437-444.

Hamilton W D. 1971. Geometry for the selfish herd. Journal of Theoretical Biology，31(2)：295-311.

Hanna J B，Schmitt D，Griffin T M. 2008. The energetic cost of climbing in Primates. Science，320(5878)：898.

Harvey P H，Clutton-Brock T H. 1985. Life history variation in Primates. Evolution，39(3)：559.

Harvey P H，Krebs J R. 1990. Comparing brains. Science，249(4965)：140-146.

Harvey P H，Clutton-Brock T H，Mace G M. 1980. Brain size and ecology in small mammals and Primates. Proceedings of the National Academy of Sciences of the United States of America，77(7)：4387-4389.

Healy S D，Rowe C. 2007. A critique of comparative studies of brain size. Proceedings of the Royal Society B：Biological Sciences，274(1609)：453-464.

Heath A G. 1988. Anaerobic and aerobic energy metabolism in brain and liver tissue from rainbow trout（*Salmo gairdneri*）and bullhead catfish（*Ictalurus nebulosus*）. Journal of Experimental Zoology，248(2)：140-146.

Heldstab S A，Isler K，van Schaik C P. 2018. Hibernation constrains brain size evolution in mammals. Journal of Evolutionary Biology，31(10)：1582-1588.

Heldstab S A，Kosonen Z K，Koski S E，et al. 2016a. Manipulation complexity in Primates coevolved with brain size and terrestriality. Scientific Reports，6：24528.

Heldstab S A，van Schaik C P，Isler K. 2016b. Being fat and smart：A comparative analysis of the fat-brain trade-off in mammals. Journal of Human Evolution，100：25-34.

Herczeg G，Välimäki K，Gonda A，et al. 2014. Evidence for sex-specific selection in brain：A case study of the nine-spined stickleback. Journal of Evolutionary Biology，27(8)：1604-1612.

Hofman M A. 1983. Energy metabolism，brain size and longevity in mammals. The Quarterly Review of Biology，58(4)：495-512.

Horschler D J，Hare B，Call J，et al. 2019. Absolute brain size predicts dog breed differences in executive function. Animal Cognition，22(2)：187-198.

Hosken D J，Ward P I. 2001. Experimental evidence for testis size evolution via sperm competition. Ecology Letters，4(11)：10-13.

Houle D. 1991. Genetic covariance of fitness correlates: What genetic correlations are made of and why it matters. Evolution，45(3)：630-648.

Huang C，Yu X，Liao W. 2018. The expensive-tissue hypothesis in vertebrates：Gut microbiota effect，a review. International Journal of Molecular Sciences，19(6)：1792.

Huber R，Rylander M K. 1992. Brain morphology and turbidity preference in *Notropis* and related Genera（Cyprinidae，Teleostei）. Environmental Biology of Fishes，33(1)：153-165.

Huber R，van Staaden M J，Kaufman L S，et al. 1997. Microhabitat use，trophic patterns，and the evolution of brain structure in African cichlids. Brain，Behavior and Evolution，50(3)：167-182.

Husband S，Shimizu T. 2001. Evolution of the avian visual system. Medford：Tufts University E-book.

Hutcheon J M，Kirsch J W，Garland T. 2002. A comparative analysis of brain size in relation to foraging ecology and phylogeny in the chiroptera. Brain，Behavior and Evolution，60：165-180.

Iglesias T L，Dornburg A，Warren D L，et al. 2018. Eyes Wide Shut：the impact of dim-light vision on neural investment in *marine teleosts*. Journal of Evolutionary Biology，31(8)：1082-1092.

Ingle D. 1976. Behavioral correlates of central visual function in anurans//Frog Neurobiology. Berlin：Springer：435-451.

Isler K, van Schaik C P. 2006a. Costs of encephalization: The energy trade-off hypothesis tested on birds. Journal of Human Evolution, 51(3): 228-243.

Isler K, van Schaik C P. 2006b. Metabolic costs of brain size evolution. Biology Letters, 2(4): 557-560.

Isler K, van Schaik C P. 2009. The Expensive Brain: A framework for explaining evolutionary changes in brain size. Journal of Human Evolution, 57(4): 392-400.

Isler K, van Schaik C P. 2012. Allomaternal care, life history and brain size evolution in mammals. Journal of Human Evolution, 63(1): 52-63.

Isler K, van Schaik C P. 2014. How humans evolved large brains: Comparative evidence. Evolutionary Anthropology, 23(2): 65-75.

Isler K, Kirk E C, Miller J M A, et al. 2008. Endocranial volumes of primate species: Scaling analyses using a comprehensive and reliable data set. Journal of Human Evolution, 55(6): 967-978.

Iwaniuk A N, Nelson J E. 2001. A comparative analysis of relative brain size in waterfowl (Anseriformes). Brain, Behavior and Evolution, 57(2): 87-97.

Iwaniuk A N, Dean K M, Nelson J E. 2004. A mosaic pattern characterizes the evolution of the avian brain. Proceedings of the Royal Society of London Series B: Biological Sciences, 271: S148-S151.

Iwaniuk A N. 2017. Functional correlates of brain and brain region sizes in nonmammalian vertebrates//Evolution of Nervous Systems.London: Academic Press: 335-348.

Jacobs L F. 1996. Sexual selection and the brain. Trends in Ecology and Evolution, 11(2): 82-86.

Jerison H J. 1973. Evolution of the Brain and Intelligence. New York: Academic Press.

Jiang A, Zhong M J, Xie M, et al. 2015. Seasonality and age is positively related to brain size in Andrew' s toad (*Bufo andrewsi*). Evolutionary Biology, 42(3): 339-348.

Jin L, Liu W C, Li Y H, et al. 2015. Evidence for the expensive-tissue hypothesis in the Omei Wood Frog (*Rana omeimontis*). Herpetological Journal, 25: 127-130.

Staley J T, Mortimer S R, Morecroft M D, et al. 2007. Summer drought alters plant-mediated competition between foliar-and root-feeding insects. Global Change Biology, 13(4): 866-877.

Jones K, MacLarnon A. 2004. Affording larger brains: testing hypotheses of mammalian brain evolution on bats. American Naturalist, 164(1): 20-31.

Jones K E, Bielby J, Cardillo M, et al. 2009. PanTHERIA: A species-level database of life history, ecology, and geography of extant and recently extinct mammals. Ecology, 90(9): 2648.

Kalisińska E. 2005. Anseriform brain and its parts versus taxonomic and ecological categories. Brain, Behavior and Evolution, 65(4): 244-261.

Karasov W, Pinshow B, Starck J, et al. 2004. Anatomical and histological changes in the alimentary tract of migrating blackcaps (*Sylvia atricapilla*): A comparison among fed, fasted, food-restricted, and refed birds. Physiological and Biochemical Zoology, 77(1): 149-160.

Kaufman J, Marcel Hladik C, Pasquet P. 2003. On the expensive tissue hypothesis: independent support from highly encephalized fish. Current Anthropology, 44(5): 705-707.

Kilmer J T, Rodríguez R L. 2017. Ordinary least squares regression is indicated for studies of allometry. Journal of Evolutionary Biology, 30(1): 4-12.

Kiltie R A. 2000. Scaling of visual acuity with body size in mammals and birds. Functional Ecology, 14(2): 226-234.

King J D, Rollins-Smith L A, Nielsen P F, et al. 2005. Characterization of a peptide from skin secretions of male specimens of the frog, *Leptodactylus fallax* that stimulates aggression in male frogs. Peptides, 26(4): 597-601.

Knell R J. 2009. Population density and the evolution of male aggression. Journal of Zoology, 278(2): 83-90.

Köhler M, Moyà-Solà S. 2004. Reduction of brain and sense organs in the fossil insular bovid Myotragus. Brain, Behavior and Evolution, 63(3): 125-140.

Kokko H, Rankin D J. 2006. Lonely hearts or sex in the city? Density-dependent effects in mating systems. Philosophical Transactions of the Royal Society B: Biological Sciences, 361(1466): 319-334.

Kondoh M. 2010. Linking learning adaptation to trophic interactions: A brain size-based approach. Functional Ecology, 24(1): 35-43.

Kotrschal A, Taborsky B. 2010. Environmental change enhances cognitive abilities in fish. PLoS Biology, 8(4): e1000351.

Kotrschal A, Kolm N, Penn D J. 2016. Selection for brain size impairs innate, but not adaptive immune responses. Proceedings of the Royal Society B: Biological Sciences, 283(1826): 20152857.

Kotrschal A, Räsänen K, Kristjánsson B K, et al. 2012. Extreme sexual brain size dimorphism in sticklebacks: A consequence of the cognitive challenges of sex and parenting? PLoS One, 7(1): e30055.

Kotrschal A, Rogell B, Bundsen A, et al. 2013a. Artificial selection on relative brain size in the guppy reveals costs and benefits of evolving a larger brain. Current Biology, 23(2): 168-171.

Kotrschal A, Rogell B, Bundsen A, et al. 2013b. The benefit of evolving a larger brain: Big-brained guppies perform better in a cognitive task. Animal Behaviour, 86(4): e4-e6.

Kotrschal A, Corral-Lopez A, Amcoff M, et al. 2015a. A larger brain confers a benefit in a spatial mate search learning task in male guppies. Behavioral Ecology, 26(2): 527-532.

Kotrschal A, Buechel S D, Zala S M, et al. 2015b. Brain size affects female but not male survival under predation threat. Ecology Letters, 18(7): 646-652.

Kotrschal A, Corral-Lopez A, Zajitschek S, et al. 2015c. Positive genetic correlation between brain size and sexual traits in male guppies artificially selected for brain size. Journal of Evolutionary Biology, 28(4): 841-850.

Kotrschal A, Deacon A E, Magurran A E, et al. 2017a. Predation pressure shapes brain anatomy in the wild. Evolutionary Ecology, 31(5): 619-633.

Kotrschal A, Zeng H L, van der Bijl W, et al. 2017b. Evolution of brain region volumes during artificial selection for relative brain size. Evolution, 71(12): 2942-2951.

Kotrschal K, van Staaden M J, Huber R. 1998. Fish brains: Evolution and Environmental relationships. Reviews in Fish Biology and Fisheries, 8(4): 373-408.

Kozlovsky D Y, Brown S L, Branch C L, et al. 2014. Chickadees with bigger brains have smaller digestive tracts: A multipopulation comparison. Brain, Behavior and Evolution, 84(3): 172-180.

Krilowicz B L, Glotzbach S F, Heller H C. 1988. Neuronal activity during sleep and complete bouts of hibernation. American Journal of Physiology, 255(6): 1008-1019.

Kruska D C T. 2005. On the evolutionary significance of encephalization in some eutherian mammals: Effects of adaptive radiation, domestication, and feralization. Brain, Behavior and Evolution, 65(2): 73-108.

Kruska D C T. 2014. Comparative quantitative investigations on brains of wild cavies (*Cavia aperea*) and guinea pigs (*Cavia aperea f. porcellus*). A contribution to size changes of CNS structures due to domestication. Mammalian Biology, 79(4): 230-239.

Kumar S, Stecher G, Tamura K. 2016. MEGA7: Molecular evolutionary genetics analysis version 7.0 for bigger datasets. Molecular

Biology and Evolution，33(7)：1870-1874.

Kuzawa C W，Chugani H T，Grossman L I，et al. 2014. Metabolic costs and evolutionary implications of human brain development. Proceedings of the National Academy of Sciences of the United States of America，111(36)：13010-13015.

LaDage L D，Riggs B J，Sinervo B，et al. 2009. Dorsal cortex volume in male side-blotched lizards，*Uta stansburiana*，is associated with different space use strategies. Animal Behaviour，78(1)：91-96.

Lan C，Bo W，Lüpold S，et al. 2020. Relative brain size is predicted by the intensity of intrasexual competition in frogs. The American Naturalist，196(2)：169-179.

Land M F，Nilsson D E. 2012. Animal Eyes. Oxford：Oxford University Press.

Lefebvre L，Sol D. 2008. Brains，lifestyles and cognition：Are there general trends? Brain，Behavior and Evolution，72(2)：135-144.

Lefebvre L，Nicolakakis N，Boire D. 2002. Tools and brains in birds. Behaviour，139(7)：939-973.

Lefebvre L，Reader S M，Sol D. 2004. Brains，innovations and evolution in birds and Primates. Brain，Behavior and Evolution，63(4)：233-246.

Lefebvre L，Whittle P，Lascaris E，et al. 1997. Feeding innovations and forebrain size in birds. Animal Behaviour，53(3)：549-560.

Lemaitre J F，Ramm S A，Barton R A，et al. 2009. Sperm competition and brain size evolution in mammals. Journal of Evolutionary Biology，22(11)：2215–2221.

Leonard W R，Robertson M L，Snodgrass J J，et al. 2003. Metabolic correlates of hominid brain evolution. Comparative Biochemistry and Physiology-Part A：Molecular and Integrative Physiology，136(1)：5-15.

Li M，Jaffe A E，Straub R E，et al. 2016. A human-specific AS3MT isoform and BORCS7 are molecular risk factors in the 10q24.32 schizophrenia associated locus. Nature Medicine，22：649-656.

Li Z T，Guo B C，Yang J，et al. 2017. Deciphering the genomic architecture of the stickleback brain with a novel multilocus gene-mapping approach. Molecular Ecology，26(6)：1557-1575.

Liao W B. 2009. Elevational Variation in the Life-History of Anurans in a Subtropics Montane Forest of Sichuan，Southwestern China. Wuhan：Wuhan University.

Liao W B. 2011. Site fidelity in the Sichuan Torrent Frog (*Amolops mantzorum*) in a montane region in western China. Acta Herpetologica，6：131-136.

Liao W B. 2015. Evolution of Life-History Traits in *Bufo andrewsi*. Beijing：Academic Press.

Liao W B，Lu X. 2009. Sex recognition by male Andrew’s toad *Bufo andrewsi* in a subtropical montane region. Behavioural Processes，82(1)：100-103.

Liao W B，Lu X. 2010a. Age structure and body size of the Chuanxi Tree Frog *Hyla annectans chuanxiensis* from two different elevations in Sichuan (China). Zoologischer Anzeiger，248(4)：255-263.

Liao W B，Lu X. 2010b. Breeding behaviour of the Omei tree frog *Rhacophorus omeimontis* in a subtropical montane region. Journal of Natural History，44(47-48)：2929-2940.

Liao W B，Lu X. 2012. Adult body size=f(initial size+growth rate×age)：Explaining the proximate cause of Bergman’s cline in a toad along altitudinal gradients. Evolutionary Ecology，26(3)：579-590.

Liao W B，Zeng Y，Yang J D. 2013. Sexual size dimorphism in anurans：roles of mating system and habitat types. Frontiers in Zoology，10(1)：65.

Liao W B，Lu X，Jehle R. 2014. Altitudinal variation in maternal investment and trade-offs between egg size and clutch size in the Andrew’s Toad (*Bufo andrewsi*). Journal of Zoology，293(2)：84-91.

Liao W B，Liu W C，Merilä J. 2015a. Andrew meets Rensch：sexual size dimorphism and the inverse of Rensch' s rule in Andrew' s toad (*Bufo andrewsi*). Oecologia，177 (2)：389-399.

Liao W B，Lou S L，Zeng Y，et al. 2015b. Evolution of anuran brains: Disentangling ecological and phylogenetic sources of variation. Journal of Evolutionary Biology，28 (11)：1986-1996.

Liao W B，Lou S L，Zeng Y，et al. 2016a. Large brains，small guts：The expensive tissue hypothesis supported within anurans. The American Naturalist，188 (6)：693-700.

Liao W B，Luo Y，Lou S L，et al. 2016b. Geographic variation in life-history traits：Growth season affects age structure，egg size and clutch size in Andrew' s toad（*Bufo andrewsi*）. Frontiers in Zoology，13 (1)：6.

Liao W B，Huang Y，Zeng Y，et al. 2018. Ejaculate evolution in external fertilizers：Influenced by sperm competition or sperm limitation? Evolution，72 (1)：4-17.

Lindenfors P，Nunn C L，Barton R A. 2007. Primate brain architecture and selection in relation to sex. BMC Biology，5 (1)：20.

Lindstedt S L，Calder W A. 1981. Body size，physiological time，and longevity of homeothermic animals. The Quarterly Review of Biology，56 (1)：1-16.

Lisney T J，Collin S P. 2007. Relative eye size in elasmobranchs. Brain, Behavior and Evolution，69 (4)：266-279.

Liu J，Zhou C Q，Liao W B. 2014. Evidence for neither the compensation hypothesis nor the expensive-tissue hypothesis in *Carassius auratus*. Animal Biology，64 (2)：177-187.

Liu Y T，Luo Y，Gu J，et al. 2018. The relationship between brain size and digestive tract length do not support expensive-tissue hypothesis in *Hylarana guentheri*. Acta Herpetologica，13：141-146.

Liu Y X，Day L B，Summers K，et al. 2016. Learning to learn：Advanced behavioural flexibility in a poison frog. Animal Behaviour，111：167-172.

Llinás R，Precht W. 1976. Frog Neurobiology. Now York：Springer-Verlag.

Lomolino M V. 2005. Body size evolution in insular vertebrates：Generality of the island rule. Journal of Biogeography，32 (10)：1683-1699.

Lou S L，Li Y H，Jin L，et al. 2014. Altitudinal variation in digestive tract length in Yunnan pond frog（*Pelophylax pleuraden*）. Asian Herpetological Research，4 (4)：263-267 .

Lukas W D，Campbell B C. 2000. Evolutionary and ecological aspects of early brain malnutrition in humans. Human Nature，11 (1)：1-26.

Luo Y，Zhong M J，Huang Y，et al. 2017. Seasonality and brain size are negatively associated in frogs: Evidence for the expensive brain framework. Scientific Reports，7：16629.

Lüpold S，Jin L，Liao W B. 2017. Population density and structure drive differential investment in pre- and postmating sexual traits in frogs. Evolution，71 (6)：1686-1699.

Mace G M，Harvey P H，Clutton-Brock T H. 1980. Is brain size an ecological variable? Trends in Neurosciences，3 (8)：193-196.

Mace G M，Harvey P H，Clutton-Brock T H. 1981. Brain size and ecology in small mammals. Journal of Zoology，193：333-354.

Macey J R，Shulte J，Larson A，et al. 1998. Phylogenetic relationships of toads in the *Bufo bufo* species group from the eastern escarpment of the Tibetan Plateau：A case of vicariance and dispersal. Molecular Phylogenetics and Evolution，9 (1)：80-87.

MacIver M A，Schmitz L，Mugan U，et al. 2017. Massive increase in visual range preceded the origin of terrestrial vertebrates. Proceedings of the National Academy of Sciences of the United States of America，114 (12)：2375-2384.

MacLean E L，Hare B，Nunn C L，et al. 2014. The evolution of self-control. Proceedings of the National Academy of Sciences of the

United States of America，111(20)：E2140-E2148.

Madden J. 2001. Sex，bowers and brains. Proceedings of the Royal Society of London Series B：Biological Sciences，268(1469)：833-838.

Mai C L，Liao W B. 2019. Brain size evolution in anurans：A review. Animal Biology，69(3)：265-279.

Mai C L，Liao J，Zhao L，et al. 2017a. Brain size evolution in the frog Fejervarya limnocharis supports neither the cognitive buffer nor the expensive brain hypothesis. Journal of Zoology，302(1)：63-72.

Mai C L，Liu Y H，Jin L，et al. 2017b. Altitudinal variation in somatic condition and reproductive investment of male Yunnan pond frogs (Dianrana pleuraden). Zoologischer Anzeiger，266：189-195.

Marco A，Chivers D P，Kiesecker J M. 1998. Mate choice by chemical cues in western redback (*Plethodon vehiculum*) and Dunn' s (*P. dunni*) salamanders. Ethology，104(9)：781-788.

Marino L. 1998. A comparison of encephalization between odontocete cetaceans and anthropoid Primates. Brain，Behavior and Evolution，51(4)：230-238.

Martin G R. 1982. An owl' s eye：Schematic optics and visual performance in*Strix aluco* L. Journal of Comparative Physiology，145(3)：341-349.

Martin G R. 1985. Eye//King A S，McClelland J. Form and Function in Birds. London：Academic Press，311-373.

Martin G R. 1993. Producing the image//Zeigler H P，Bischof H J. Vision Brain，and Behavior in Birds. Cambridge：MIT Press，5-24.

Martin G R. 2007. Visual fields and their functions in birds. Journal of Ornithology，148(2)：547-562.

Martin R D. 1981. Relative brain size and basal metabolic rate in terrestrial vertebrates. Nature，293(5827)：57-60.

Martins E P，Hansen T F. 1997. Phylogenies and the comparative method：A general approach to incorporating phylogenetic information into the analysis of interspecific data. The American Naturalist，149(4)：646-667.

Mayhew T M，Mwamengele G L，Dantzer V. 1990. Comparative morphometry of the mammalian brain：Estimates of cerebral volumes and cortical surface areas obtained from macroscopic slices. Journal of Anatomy，172：191-200.

McArdle B. 1988. The structural relationship：Regression in biology. Canadian Journal of Zoology，66(11)：2329-2339.

McCullough E L，Buzatto B A，Simmons L W. 2018. Population density mediates the interaction between pre-and postmating sexual selection. Evolution，72(4)：893-905.

McDonald G C，Spurgin L G，Fairfield E A，et al. 2017. Pre-and postcopulatory sexual selection favor aggressive，young males in polyandrous groups of red junglefowl. Evolution，71(6)：1653-1669.

McGuire L P，Ratcliffe J M. 2011. Light enough to travel：Migratory bats have smaller brains，but not larger hippocampi，than sedentary species. Biology Letters，7(2)：233-236.

Merila J，Laurila A，Laugen A T，et al. 2000. Plasticity in age and size at metamorphosis in *Rana temporaria*: comparison of high and low latitude populations. Ecography，23(4)：457-465.

Mi Z P. 2013. Sexual dimorphism in the hindlimb muscles of the Asiatic toad (*Bufo gargarizans*) in relation to male reproductive success. Asian Herpetological Research，4(1)：56-61.

Miller G. 2000. The Mating Mind. London：Vintage.

Miller G. 2011. The Mating Mind：How Sexual Choice Shaped the Evolution of Human Nature. London：William Hienemann.

Millesi E，Prossinger H，Dittami J P，et al. 2001. Hibernation effects on memory in European ground squirrels (*Spermophilus citellus*). Journal of Biological Rhythms，16(3)：264-271.

Minias P，Podlaszczuk P. 2017. Longevity is associated with relative brain size in birds. Ecology and Evolution，7(10)：3558-3566.

Mink J W, Blumenschine R J, Adams D B. 1981. Ratio of central nervous-system to body metabolism in vertebrates: Its constancy and functional basis. American Journal of Physiology-Regulatory, Integrative and Comparative Physiology, 241(3): R203-R212.

Mitchell G, Fukao T. 2001. Inborn errors of ketone body metabolism. In: Scriver C, Beaudet A, Sly W(Eds.). The Metabolic and Molecular Bases of Inherited Disease. New York: McGraw-Hill: 2327-2356.

Møller A P, Erritzøe J. 2010. Flight distance and eye size in birds. Ethology, 116(5): 458-465.

Møller A P, Erritzøe J. 2014. Predator-prey interactions, flight initiation distance and brain size. Journal of Evolutionary Biology, 27(1): 34-42.

Morecroft M D, Bealey C E, Howells O, et al. 2002. Effects of drought on contrasting insect and plant species in the UK in the mid-1990s. Global Ecology and Biogeography, 11(1): 7-22.

Morrison C, Hero J M. 2003. Geographic variation in life-history characteristics of amphibians: A review. Journal of Animal Ecology, 72(2): 270-279.

Navarrete A F, Reader S M, Street S E, et al. 2016. The coevolution of innovation and technical intelligence in Primates. Philosophical Transactions of the Royal Society B: Biological Sciences, 371(1690): 20150186.

Navarrete A, van Schaik C P, Isler K. 2011. Energetics and the evolution of human brain size. Nature, 480: 91-93.

Naya D E, Bozinovic F. 2004. Digestive phenotypic flexibility in post-metamorphic amphibians: Studies on a model organism. Biological Research, 37(3): 365-370.

Naya D E, Veloso C, Bozinovic F. 2009. Gut size variation Among*Bufo spinulosus* Populations along an altitudinal (and dietary) gradient. Annales Zoologici Fennici, 46(1): 16-20.

Nieuwenhuys R, ten Donkelaar H J, Nicholson C. 1998. The Central Nervous System of Vertebrates. Berlin: Springer, 2135-2195.

Nilsson D E, Warrant E, Johnsen S, et al. 2012. A unique advantage for giant eyes in giant squid. Current Biology, 22(8): 683-688.

Niven J E, Laughlin S B. 2008. Energy limitation as a selective pressure on the evolution of sensory systems. Journal of Experimental Biology, 211(11): 1792-1804.

Nottebohm F. 1981. A brain for all seasons: Cyclical anatomical changes in song control nuclei of the canary brain. Science, 214(4527): 1368-1370.

Orme C D L, Freckleton R P, Thomas G H, et al. 2012. Caper: comparative analyses of phylogenetics and evolution in R. Available at http: //R-Forge.R-project.org/projects/caper/.

Orme D. 2013. The caper package: comparative analysis of phylogenetics and evolution in R. R Package Version, 5: 1-36.

Overington S E, Morand-Ferron J, Boogert N J, et al. 2009. Technical innovations drive the relationship between innovativeness and residual brain size in birds. Animal Behaviour, 78(4): 1001-1010.

Owen, Morgan A P, Kemp H G, et al. 1967. Brain metabolism during fasting. Journal of Clinical Investigation, 46(10): 1589-1595.

Pagel M D. 1992. A method for the analysis of comparative data. Journal of Theoretical Biology, 156(4): 431-442.

Park P J, Bell M A. 2010. Variation of telencephalon morphology of the threespine stickleback (*Gasterosteus aculeatus*) in relation to inferred ecology. Journal of Evolutionary Biology, 23(6): 1261-1277.

Parker G A, Lessells C M, Simmons L W. 2013. Sperm competition games: A general model for precopulatory male-male competition. Evolution, 67(1): 95-109.

Parker S T, Gibson K R. 1977. Object manipulation, tool use and sensorimotor intelligence as feeding adaptations in *cebus* monkeys and great apes. Journal of Human Evolution, 6(7): 623-641.

Payne R J H, Pagel M. 1996. Escalation and time costs in displays of endurance. Journal of Theoretical Biology, 183(2): 185-193.

Penry D L，Jumars P A. 1987. Modeling animal guts as chemical reactors. The American Naturalist，129(1)：69-96.

Pinheiro J，Bates D，DebRoy S，et al. 2019. Nlme：linear and nonlinear mixed effects models. Available at：https://cran.r-project.org/package=nlme.

Pitnick S，Jones K E，Wilkinson G S. 2006. Mating system and brain size in bats. Proceedings of the Royal Society B：Biological Sciences，273(1587)：719-724.

Pollen A A，Dobberfuhl A P，Scace J，et al. 2007. Environmental complexity and social organization sculpt the brain in Lake Tanganyikan cichlid fish. Brain，Behavior and Evolution，70(1)：21-39.

Pontzer H，Rolian C，Rightmire G P，et al. 2010. Locomotor anatomy and biomechanics of the *Dmanisi hominins*. Journal of Human Evolution，58(6)：492-504.

Pontzer H，Raichlen D A，Wood B M，et al. 2012. Hunter-gatherer energetics and human obesity. PLoS One，7(7)：e40503.

Pontzer H，Raichlen D A，Gordon A D，et al. 2014. Primate energy expenditure and life history. Proceedings of the National Academy of Sciences of the United States of America，111(4)：1433-1437.

Pontzer H，Brown M H，Raichlen D A，et al. 2016. Metabolic acceleration and the evolution of human brain size and life history. Nature，533：390-392.

Popov V I，Bocharova L S. 1992. Hibernation-induced structural changes in synaptic contacts between mossy fibres and hippocampal pyramidal neurons. Neuroscience，48(1)：53-62.

Popov V I，Bocharova L S，Bragin A G. 1992. Repeated changes of dendritic morphology in the hippocampus of ground squirrels in the course of hibernation. Neuroscience，48(1)：45-51.

Portavella M，Vargas J P，Torres B，et al. 2002. The effects of telencephalic pallial lesions on spatial，temporal，and emotional learning in goldfish. Brain Research Bulletin，57(3-4)：397-399.

Powell B J，Leal M. 2012. Brain evolution across the *Puerto Rican* anole radiation. Brain，Behavior and Evolution，80(3)：170-180.

Powell L E，Isler K，Barton R A. 2017. Re-evaluating the link between brain size and behavioural ecology in Primates. Proceedings of the Royal Society B：Biological Sciences，284(1865)：20171765.

Pravosudov V V，Clayton N S. 2002. A test of the adaptive specialization hypothesis：Population differences in caching，memory，and the hippocampus in black-capped chickadees（*Poecile atricapilla*）. Behavioral Neuroscience，116(4)：515-522.

Pravosudov V V，Kitaysky A S，Omanska A. 2006. The relationship between migratory behaviour，memory and the hippocampus：An intraspecific comparison. Proceedings of the Royal Society B：Biological Sciences，273(1601)：2641-2649.

Promislow D E L，Harvey P H. 1990. Living fast and dying young：A comparative analysis of life-history variation among mammals. Journal of Zoology，220(3)：417-437.

Purvis A，Rambaut A. 1995. Comparative analysis by independent contrasts（CAIC）：An Apple Macintosh application for analysing comparative data. Bioinformatics，11(3)：247-251.

Pyron R A，Wiens J J. 2011. A large-scale phylogeny of Amphibia including over 2800 species，and a revised classification of extant frogs，salamanders，and caecilians. Molecular Phylogenetics and Evolution，61(2)：543-583.

Raichle M E，Gusnard D A. 2002. Appraising the brain’s energy budget. Proceedings of the National Academy of Sciences of the United States of America，99(16)：10237-10239.

Rambaut A，Drummond A. 2014. Tracer v1.6. http://tree.bio.ed.ac.uk/sofware/tracer/.

Ranade S C，Rose A，Rao M，et al. 2008. Different types of nutritional deficiencies affect different domains of spatial memory function checked in a radial arm maze. Neuroscience，152(4)：859-866.

Reader S M，Hager Y，Laland K N. 2011. The evolution of primate general and cultural intelligence. Proceedings of the Royal Society B：Biological Sciences，366(1567)：1017-1027.

Reader S M，Laland K N. 2002. Social intelligence，innovation，and enhanced brain size in primates. Proceedings of the National Academy of Sciences of the United States of America，99(7)：4436-4441.

Reep R L，Finlay B L，Darlington R B. 2007. The limbic system in mammalian brain evolution. Brain，Behavior and Evolution，70(1)：57-70.

Revell L J. 2009. Size-correction and principal components for interspecific comparative studies. Evolution，63(12)：3258-3268.

Rice W R，Holland B. 1997. The enemies within：Intergenomic conflict，interlocus contest evolution (ICE)，and the intraspecific Red Queen. Behavioral Ecology and Sociobiology，41(1)：1-10.

Roberts S G B，Roberts A I. 2016. Social brain hypothesis：Vocal and gesture networks of wild chimpanzees. Frontiers in Psychology，7：1756.

Roderick T H，Wimer R E，Wimer C C，et al. 1973. Genetic and phenotypic variation in weight of brain and spinal cord between inbred strains of mice. Brain Research，64：345-353.

Roff D A. 1992. The evolution of life histories. New York：Chapman and Hall.

Roff D A. 2002. Life-History Evolution. Sunderland，Massachusetts：Sinauer Associates Inc.

Roff D A，Mostowy S，Fairbairn D J. 2002. The evolution of trade-offs：Testing predictions on response to selection and environmental variation. Evolution，56(1)：84-95.

Rohde K. 1992. Latitudinal gradients in species diversity：The search for the primary cause. Oikos，65(3)：514-527.

Rohlf F J. 2004. TpsDig 1.40. Department of Ecology and Evolution. NewYork：State University at Stony Brook.

Ronquist F，Teslenko M，van der Mark P，et al. 2012. MrBayes 3.2：Efficient Bayesian phylogenetic inference and model choice across a large model space. Systematic Biology，61(3)：539-542.

Ross C F，Hall M I，Heesy C P. 2006. Were basal primates nocturnal? evidence from eye and orbit shape//Ravosa M，Dagosto M (Eds). Primate Origins and Adaptations. New York：Kluwer：233-256.

Roth G，Blanke J，Wake D B. 1994. Cell size predicts morphological complexity in the brains of frogs and salamanders. Proceedings of the National Academy of Sciences of the United States of America, 91(11)：4796-4800.

Roth G，Dicke U. 2005. Evolution of the brain and intelligence. Trends in Cognitive Sciences，9(5)：250-257.

Roth G，Walkowiak W. 2015. The influence of genome and cell size on brain morphology in amphibians. Cold Spring Harbor Perspectives in Biology, 7(9)：a019075.

Roth T C，Pravosudov V V. 2009. Hippocampal volumes and neuron numbers increase along a gradient of environmental harshness：a large-scale comparison. Proceedings of the Royal Society B：Biological Sciences，276(1656)：401-405.

Ruczynski I，Siemers B M. 2011. Hibernation does not affect memory retention in bats. Biology Letters，7(1)：153-155.

Ruf T，Geiser F. 2015. Daily torpor and hibernation in birds and mammals. Biological Reviews，90(3)：891-926.

Safi K，Dechmann D K N. 2005. Adaptation of brain regions to habitat complexity：A comparative analysis in bats (Chiroptera). Proceedings of the Royal Society B：Biological Sciences，272(1559)：179-186.

Salas C，Broglio C，Rodríguez F. 2003. Evolution of forebrain and spatial cognition in vertebrates: Conservation across diversity. Brain，Behavior and Evolution，62(2)：72-82.

Satou M，Matsushima T，Kusunoki M，et al. 1981. Calling evoking area in the brain stem of the Japanese toad. Doubutsu Gakum Zasshi，90：502.

Savage V, Gillooly J, Brown J, et al. 2004. Effects of body size and temperature on population growth. The American Naturalist, 163(3): 429-441.

Sayol F, Lefebvre L, Sol D. 2016a. Relative brain size and its relation with the associative pallium in birds. Brain, Behavior and Evolution, 87(2): 69-77.

Sayol F, Maspons J, Lapiedra O, et al. 2016b. Environmental variation and the evolution of large brains in birds. Nature Communications, 7: 13971.

Scherle W. 1970. A simple method for volumetry of organs in quantitative stereology. Mikroskopie, 26(1): 57-60.

Schillaci M A. 2006. Sexual selection and the evolution of brain size in Primates. PLoS One, 1(1): e62.

Schillaci M A. 2008. Primate mating systems and the evolution of neocortex size. Journal of Mammalogy, 89(1): 58-63.

Schmitz L, Wainwright P C. 2011. Nocturnality constrains morphological and functional diversity in the eyes of reef fishes. BMC Evolutionary Biology, 111(1): 338.

Schuck-Paim C, Alonso W J, Ottoni E B. 2008. Cognition in an ever-changing world: Climatic variability is associated with brain size in neotropical parrots. Brain, Behavior and Evolution, 71(3): 200-215.

Secor S M. 2001. Regulation of digestive performance: A proposed adaptive response. Comparative Biochemistry and Physiology, 128(3): 563-575.

Shetteworth S J. 2010. Cognition, Evolution, and Behavior. Oxford: Oxford University Press.

Shi P J, Ikemoto T, Ge F. 2011. Development and application of models for describing the effects of temperature on insects' growth and development. Chinese Journal of Applied Entomology, 48: 1149-1160.

Shultz S, Dunbar R I M. 2006. Both social and ecological factors predict ungulate brain size. Proceedings of the Royal Society B: Biological Sciences, 273(1583): 207-215.

Shultz S, Dunbar R I M. 2007. The evolution of the social brain: Anthropoid Primates contrast with other vertebrates. Proceedings of the Royal Society B: Biological Sciences, 274(1624): 2429-2436.

Shultz S, Dunbar R I M. 2010. Social bonds in birds are associated with brain size and contingent on the correlated evolution of life history and increased parental investment. Biological Journal of the Linnean Society, 100(1): 111-123.

Shultz S, Bradbury R B, Evans K L, et al. 2005. Brain size and resource specialization predict long-term population trends in British birds. Proceedings of the Royal Society B: Biological Sciences, 272(1578): 2305-2311.

Sibly R M. 1981. Strategies of digestion and defecation. *In*: Townsend C R, Calow P (Eds.). Physiological ecology: An evolutionary approach to resource use. Oxford: Blackwell Scientific: 109-139.

Smeets W J, Wicht H, Meek J, et al. 1997. The Central Nervous System of Vertebrates: An Introductin to Structure and Functin. Berlin: Heidelberg.

Sokal R R, Rohlf F J. 1995. Biometry. New York: Freeman and Company.

Sokoloff L. 1973. Metabolism of ketone bodies by the brain. Annual Review of Medicine, 24: 271-280.

Sol D, Bacher S, Reader S, et al. 2008. Brain size predicts the success of mammal species introduced into novel environments. The American Naturalist, 172(S1): S63-S71.

Sol D, Duncan R P, Blackburn T M, et al. 2005a. Big brains, enhanced cognition, and response of birds to novel environments. Proceedings of the National Academy of Sciences of the United States of America, 102(15): 5460-5465.

Sol D, Lefebvre L, Rodriguez-Teijeiro J D. 2005b. Brain size, innovative propensity and migratory behaviour in temperate Palaearctic birds. Proceedings of the Royal Society of London B: Biological Sciences, 272(1571): 1433-1441.

Sol D，Garcia N，Iwaniuk A，et al. 2010. Evolutionary divergence in brain size between migratory and resident birds. PLoS One，5(3)：e9617.

Sol D，Lefebvre L. 2000. Behavioural flexibility predicts invasion success in birds introduced to New Zealand. Oikos，90(3)：599-605.

Sol D，Sayol F，Ducatez S，et al. 2016. The life-history basis of behavioural innovations. Philosophical Transactions of the Royal Society B: Biological Sciences，371(1690)：20150187.

Sol D，Székely T，Liker A，et al. 2007. Big-brained birds survive better in nature. Proceedings of the Royal Society B：Biological Sciences，274(1611)：763-769.

Sol D，Timmermans S，Lefebvre L. 2002. Behavioural flexibility and invasion success in birds. Animal Behaviour，63(3)：495-502.

Sol D. 2009. Revisiting the cognitive buffer hypothesis for the evolution of large brains. Biology Letters，5(1)：130-133.

Starunov V V，Voronezhskaya E E，Nezlin L P. 2017. Development of the nervous system in *Platynereis dumerilii* (Nereididae，Annelida). Frontiers in Zoology，14(1)：27.

Stearns S C. 1992. The evolution of life histories. Oxford Univ.，Oxford，U.K.

Stephen C S. 1992. The evolution of life histories. Oxford：Oxford University Press.

Street S E，Navarrete A F，Reader S M et al. 2017. Coevolution of cultural intelligence, extended life history, sociality, and brain size in Primates. Proceedings of the National Academy of Sciences of the United States of America，114(30)：7908-7914.

Striedter G F. 2005. Principles of Brain Evolution. Sunderland，MA：Sinauer Associates Inc.

Sukhum K V，Freiler M K，Wang R，et al. 2016. The costs of a big brain：Extreme encephalization results in higher energetic demand and reduced hypoxia tolerance in weakly electric African fishes. Proceedings of the Royal Society B：Biological Sciences，283(1845)：20162157.

Tamura K，Stecher G，Peterson D，et al. 2013. MEGA6：Molecular evolutionary genetics analysis version 6.0. Molecular Biology and Evolution，30(12)：2725-2729.

Taylor G M，Nol E，Boire D. 1995 Brain regions and encephalization in anurans: Adaptation or stability? Brain，Behavior and Evolution，45(2)：96-109.

Tomasello M. 2009. The Cultural Origins of Human Cognition. Cambridge：Harvard University Press.

Trokovic N，Gonda A，Herczeg G，et al. 2011. Brain plasticity over the metamorphic boundary：Carry-over effect of larval environment on froglet brain development. Journal of Evolutionary Biology，24(6)：1380-1385.

Tsuboi M，Husby A，Kotrschal A，et al. 2015. Comparative support for the expensive tissue hypothesis：Big brains are correlated with smaller gut and greater parental investment in Lake Tanganyika cichlids. Evolution，69(1)：190-200.

Tsuboi M，Shoji J，Sogabe A，et al. 2016. Within species support for the expensive tissue hypothesis：A negative association between brain size and visceral fat storage in females of the Pacific seaweed pipefish. Ecology and Evolution，6(3)：647-655.

Vágási C I，Vincze O，Pătraș L，et al. 2016. Large-brained birds suffer less oxidative damage. Journal of Evolutionary Biology，29(10)：1968-1976.

van der Bijl W. 2017. Phylopath：perform phylogenetic path analysis. https：//cran.r-project.org/web/packages/phylopath.

van der Bijl W，Thyselius M，Kotrschal A，et al. 2015. Brain size affects the behavioural response to predators in female guppies (*Poecilia reticulata*). Proceedings of the Royal Society B：Biological Sciences，282(1812)：20151132 .

van der Bijl W，Buechel S D，Kotrschal A，et al. 2018. Revisiting the social brain hypothesis：contest duration depends on loser’s brain size. Doi：https://doi.org/10.1101/300335.

van Woerden J，van Schaik C，Isler K. 2010. Effects of seasonality on brain size evolution：evidence from strepsirrhine primates. The American Naturalist，176(6)：758-767.

van Woerden J T，van Schaik C P，Isler K. 2014. Brief Communication Seasonality of diet composition is related to brain size in New World Monkeys. American Journal of Physical Anthropology，154(4)：628-632.

van Woerden J T，Willems E P，van Schaik C P，et al. 2012. Large brains buffer energetic effects of seasonal habitats in catarrhine Primates. Evolution，66(1)：191-199.

Veilleux C C，Kirk E C. 2014. Visual acuity in mammals：Effects of eye size and ecology. Brain，Behavior and Evolution，83(1)：43-53.

Veitschegger K. 2017. The effect of body size evolution and ecology on encephalization in cave bears and extant relatives. BMC Evolutionary Biology，17(1)：124.

Verrell P A. 1985. Male mate choice for large，fecund females in the red-spotted newt，*Notophthalmus viridescens*：How is size assessed? Herpetologica，41(4)：382-386.

Vieites D R，Nieto-Román S，Barluenga M，et al. 2004. Post-mating clutch piracy in an amphibian. Nature，431：305-308.

Vincze O. 2016. Light enough to travel or wise enough to stay? Brain size evolution and migratory behavior in birds. Evolution，70(9)：2123-2133.

Vincze O，Vágási C I，Pap P L，et al. 2015. Brain regions associated with visual cues are important for bird migration. Biology Letters，11(11)：20150678.

von Hardenberg A，Gonzalez-Voyer A. 2013. Disentangling evolutionary cause-effect relationships with phylogenetic confirmatory path analysis. Evolution，67(2)：378-387.

Von der Ohe C G，Darian-Smith C，Garner C C，et al. 2006. Ubiquitous and temperature-dependent neural plasticity in hibernators. The Journal of Neuroscience，26(41)：10590-10598.

Wake D B. 2012. Facing extinction in real time. Science，335(6702)：1052-1053.

Walker J M，Glotzbach S F，Berger R J，et al. 1977. Sleep and hibernation in ground squirrels（*Citellus spp*）：Electrophysiological observations. American Journal of Physiology，233(5)：R213-R221.

Walls G L. 1942. The Vertebrate Eye and Its Adaptive Radiation. BloomfeldHills：Cranbrook Institute of Science.

Walter H. 1976. Ecology of tropical and subtropical vegetation. Soil Science，121(5)：317.

Warrant E J，Locket N A. 2004. Vision in the deep sea. Biological Reviews，79(3)：671-712.

Warrant E. 2000. The eyes of deep-sea fishes and the changing nature of visual scenes with depth. Philosophical Transactions of the Royal Society of London Series B：Biological Sciences，355(1401)：1155-1159.

Warren D L，Iglesias T L. 2012. No evidence for the ‘expensive-tissue hypothesis’ from an intraspecific study in a highly variable species. Journal of Evolutionary Biology，25(6)：1226-1231.

Weisbecker V，Blomberg S，Goldizen A W，et al. 2015. The evolution of relative brain size in marsupials is energetically constrained but not driven by behavioral complexity. Brain，Behavior and Evolution，85(2)：125-135.

Wells K D. 1977. The social behaviour of anuran amphibians. Animal Behaviour，25：666-693.

Wells K D. 2007. The Ecology and Behavior of Amphibians. Chicago：University of Chicago Press.

Wen W Z，Zhang Y J. 2010. Modelling of the relationship between the frequency of large-scale outbreak of the beet armyworm，*Spodopter aexigua*（Lepidoptera：Noctuidae）and the wide-area temperature and rainfall trends in China. Acta Entomologica Sinica，53：1367-1381.

Werner C, Himstedt W. 1984. Eye accommodation during prey capture behaviour in salamanders (*Salamandra salamandra* L.). Behavioural Brain Research, 12(1): 69-73.

Werner Y L, Broza M. 1969. Hypothetical function of elevated locomotory postures in geckos (Reptilia: Gekkonidae). Israel Journal of Ecology and Evolution, 18: 349-355.

West R J D. 2014. The evolution of large brain size in birds is related to social, not genetic, monogamy. Biological Journal of the Linnean Society, 111(3): 668-678.

Weston E M, Lister A M. 2009. Insular dwarfism in hippos and a model for brain size reduction in *Homo floresiensis*. Nature, 459: 85-88.

White C R, Phillips N F, Seymour R S. 2006. The scaling and temperature dependence of vertebrate metabolism. Biology Letters, 2(1): 125-127.

White C R, Blackburn T M, Martin G R, et al. 2007. Basal metabolic rate of birds is associated with habitat temperature and precipitation, not primary productivity. Proceedings of the Royal Society B: Biological Sciences, 274(1607): 287-293.

Whiten A, van de Waal E. 2017. Social learning, culture and the 'socio-cultural brain' of human and non-human Primates. Neuroscience and Biobehavioral Reviews, 82: 58-75.

Whiting B A, Barton R A. 2003. The evolution of the cortico-cerebellar complex in Primates: Anatomical connections predict patterns of correlated evolution. Journal of Human Evolution, 44(1): 3-10.

Wimer C, Prater L. 1966. Some behavioral differences in mice genetically selected for high and low brain weight. Psychological Reports, 19(3): 675-681.

Winkler H, Leisler B, Bernroider G. 2004. Ecological constraints on the evolution of avian brains. Journal of Ornithology, 145(3): 238-244.

Wood K V, Nichols J D, Percival H F, et al. 1998. Size-sex variation in survival rates and abundance of pig frogs, *Rana grylio*, in northern Florida wetlands. Journal of Herpetology, 32(4): 527-535.

Wu Q G, Lou S L, Zeng Y, et al. 2016. Spawning location promotes evolution of bulbus olfactorius size in anurans. Herpetological Journal, 26: 247-250.

Wylie D R, Gutiérrez-Ibáñez C, Iwaniuk A N. 2015. Integrating brain, behavior, and phylogeny to understand the evolution of sensory systems in birds. Frontiers in Neuroscience, 9: 281.

Yang S N, Feng H, Jin L, et al. 2018. No evidence for the expensive-tissue hypothesis in the rice frog *Fejervarya limnocharis*. Animal Biology, 68(3): 265-276.

Yopak K E, Lisney T J. 2012. Allometric scaling of the optic tectum in cartilaginous fishes. Brain, Behavior and Evolution, 80(2): 108-126.

Yopak K E, Lisney T J, Darlington R B, et al . 2010. A conserved pattern of brain scaling from sharks to primates. Proceedings of the National Academy of Sciences of the United States of America, 107(29): 12946-12951.

Yopak K E, Lisney T J, Collin S P, et al. 2007. Variation in brain organization and cerebellar foliation in chondrichthyans: Sharks and holocephalans. Brain, Behavior and Evolution, 69(4): 280-300.

Yu X, Zhong M J, Li D Y, et al. 2018. Large-brained frogs mature later and live longer. Evolution, 72(5): 1174-1183.

Zamora-Camacho F J, Reguera S, Rubiño-Hispán M V, et al. 2014. Effects of limb length, body mass, gender, gravidity, and elevation on escape speed in the lizard *Psammodromus algirus*. Evolutionary Biology, 41(4): 509-517.

Zeng Y, Liu H Z. 2011. The evolution of pharyngeal bones and teeth in Gobioninae fishes (Teleostei: Cyprinidae) analyzed with phylogenetic comparative methods. Hydrobiologia，664(1)：183-197.

Zeng Y，Lou S L，Liao W B，et al. 2014. Evolution of sperm morphology in anurans：Insights into the roles of mating system and spawning location. BMC Evolutionary Biology，14(1)：104.

Zeng Y，Lou S L，Liao W B，et al. 2016. Sexual selection impacts brain anatomy in frogs and toads. Ecology and Evolution，6：7070-7079.

Zhang Y F，Kuang Y Z，Xu K，et al. 2013. Ketosis proportionately spares glucose utilization in brain. Journal of Cerebral Blood Flow and Metabolism，33(8)：1307-1311.

Zhao L，Mao M，Liao W B. 2016. No evidence for the ‘expensive-tissue hypothesis’ in the dark-spotted frog (*Pelophylax nigromaculata*). Acta Herpetological，11：69-73.

Zhong M J，Yu X，Liao W B. 2018. A review for life-history traits variation in frogs especially for anurans in China. Asian Herpetological Research，9(3)：165-174.

Zihlman A L，Bolter D R. 2015. Body composition in *Pan paniscus* compared with *Homo sapiens* has implications for changes during human evolution. Philosophical Transactions of the Royal Society B：Biological Sciences，112(24)：7466-7471.

Zuur G，Garthwaite P H，Fryer R J，et al. 2002. Practical use of MCMC methods：lessons from a case study. Biometrical Journal，44(4)：433-455.